職場認真 10

圖鑑

大企業為什麼倒閉

從25家大型企業
崛起到破產,
學會經營管理的
智慧和陷阱

世界「倒産」図鑑
波乱万丈25社でわかる失敗の理由

HIROYUKI ARAKI
荒木博行

葉廷昭／譯

—前言—

向前人的奮鬥汲取教訓

現在我負責經營新創企業 Flier，以及我自己創立的學習設計公司，閒暇之餘我還會到商學院教書，跟前來進修的社會人士一起探討「經營戰略」。經營組織和出謀畫策是我的本務，辦完這些工作以後，我還要教導學生實用的知識，這種兼顧「經營和教育」的生活已經持續十幾年了。身為一個傳道授業的人，我很清楚這些理論要拿來活用有多困難。

通常商學院都是列舉實際的企業案例，來深化學生對知識的理解力。不管是國內或國外的商學院，絕大多數都是舉成功的案例。畢竟成功的案例皆大歡喜，而且膾炙人口，比較好拿來當教材說明。

相反地，失敗案例牽涉到責任問題和利害關係，說明起來特別困難，也不好拿來當案例教導學生。要請當事人冷靜剖析失敗經驗，將之活用在學習上是有難度的事情。因此，若能將失敗案例分析透澈，會帶給我們極大的啟發，改變我們的所作所為。

為什麼失敗案例能讓我們學到重大的啟示？嚴格講起來，有些事必須得從失敗中學習。很多企業雖經營不善，卻也曾搭上景氣的順風車輝煌一時。然而，在輝煌的當下很難發現「經營的核心課題」，因為那時候企業沒有遭遇困境。

俗話說，營業額上揚的背後隱藏著七大問題。也就是說，當企業營業額增加的時候，失敗的危險因子統統隱藏在檯面下。久而久之，這些問題逐漸惡化，直到企業露出敗相時才會浮上檯面。所以，在我們成功或進步的時候，更應該學習前人失敗的案例，重新思考「隱藏在檯面下的課題」。

我去年寫的著作《一看就懂的商業書圖鑑》列出了三十五部名著。其中我介紹了一些講解失敗原理的書籍，好比經典名作《失敗的本質》，以及《創新的兩難局面》《衰退法則》《失敗的科學》等等，就是希望各位從失敗中學習。

失敗是負面的，但它對後世的人來說，是比成功案例更寶貴的學習教材。身為一個經營者和教育家，對此我有很深刻的體會。

我們都有可能是當事人

有鑑於此，如何解析失敗案例一直是我很重視的問題。我想歸納企業失敗的案例，日經ＢＰ的中川廣美女士和坂卷正伸先生，替我實現了這一構想。剛好，他們希望我用簡單易懂的方式歸納倒閉的企業案例，我們可以說一拍即合。

「我們想談論企業倒閉這個負面的現象，但不要太難懂。」

「要從當事人的角度來談論失敗的經驗，而不是從第三者的角度進行批判。」

三人幾經討論後，決定挑戰這個沒人嘗試過的題材，這就是我撰寫本書的起點。

從當事人的角度出發，是我們特別堅持的重點。換句話說，這本書不是要嘲笑失敗者，畢竟連我這個作者都有可能失敗。我希望書中帶有這種寫實的筆觸，同時告訴各位「我們當下該思考哪些要素」。

書中列舉了二十五家企業，大多都是我們耳熟能詳的例子。另外，我也盡量選擇不同時空、不同區域、不同行業的企業。研究都以公開資料為主，使用採訪資料反而會縮限訊息的廣度。最重要的是，我希望著重在「後人可以從中學到什麼教訓」。

如果各位有興趣深入了解各家企業倒閉的經過，我有列出參考書籍和報導，各位不妨去看一看。

倒閉的五種模式

那好，接下來簡單說明一下本書架構。

本書會從四個角度來分析各個失敗案例。首先，我會介紹那是一家怎樣的企業，再來介紹倒閉的原因，以及該企業犯錯的關鍵，最後說明這件事帶給我們的教訓。誠如前述，本書的重點在於「我們能學到什麼」，我們應該把失敗的案例，視為先人留下的訊息，思考這對我們現代人有什麼樣的意義。

我會按照倒閉的原因，來替那些案例分門別類。主要分為「戰略有問題的案例」和「管理有問題的案例」。

過去的成功體驗太過強烈，企業無法下決心改變經營模式。	崇光百貨、寶麗萊、MG 羅孚、通用汽車、百視達、柯達、玩具反斗城、西屋電氣
企業依賴脆弱的戰略方針，稍遇風險便一蹶不振。	鈴木商店、霸菱銀行、安隆公司、世界通訊、三光汽船、爾必達記憶體
由於貪功躁進，超出了風險的承受極限。	山一證券、北海道拓殖銀行、千代田人壽保險、雷曼兄弟
管理方式太粗糙、沒條理。	MYCAL、NOVA、林原、天馬航空
經營層不了解基層狀況，沒有發揮組織該有的機能。	美國大陸航空、高田公司、西爾斯

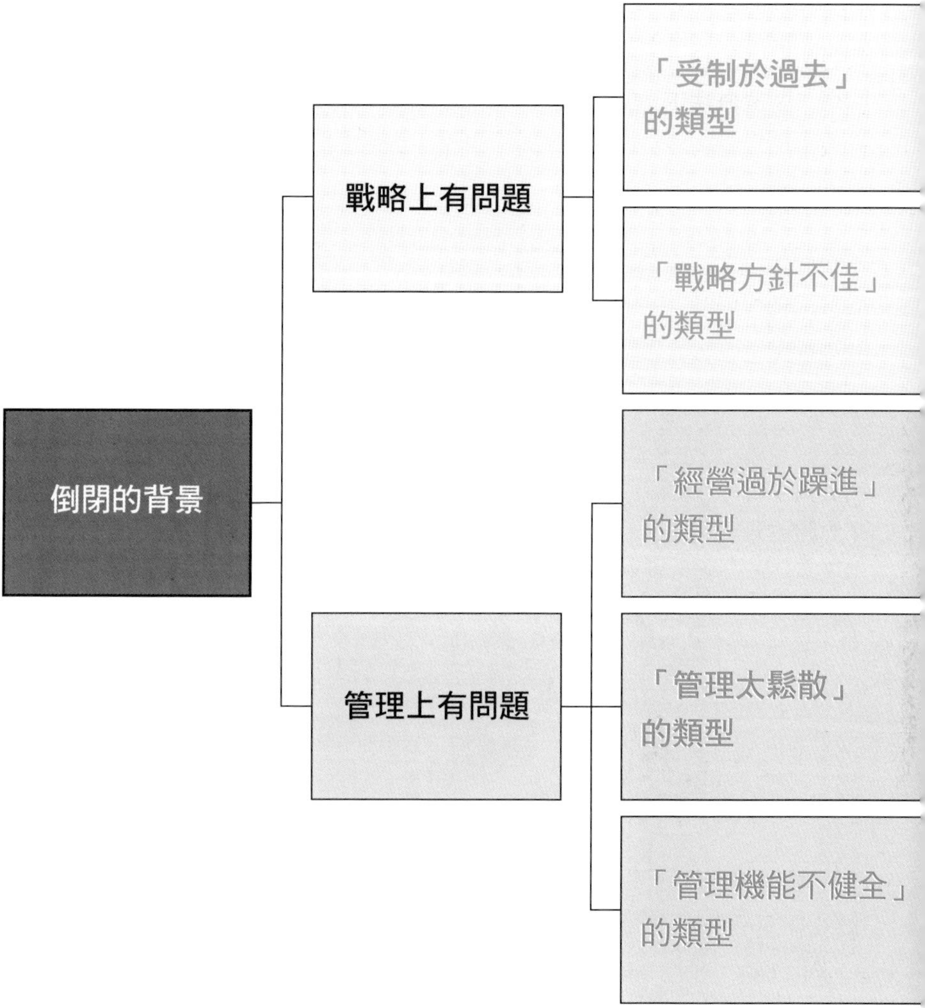
倒閉的背景
戰略上有問題
管理上有問題
「受制於過去」的類型
「戰略方針不佳」的類型
「經營過於躁進」的類型
「管理太鬆散」的類型
「管理機能不健全」的類型

戰略上的問題，有分「受制於過去」的類型，以及「戰略方針不佳」的類型。

「受制於過去」是指過去成功的企業，太依賴以往的成功經驗，在改變戰略的重要關鍵時刻卻步，最後不幸倒閉的類型。就像《創新的兩難局面》一書中所言，這種倒閉模式的案例是最常見的。至於「戰略方針不佳」是指戰略成功率太低，到頭來營運失敗的例子。多半是經營者把一切希望賭在勝算不高的方法上，仍然無力回天的例子。

還有一種倒閉狀況也很常見，也就是「管理」出了問題，不是戰略本身不好，而是運用的方法不妥當。

其中一個代表性的要素就是「貪功躁進」，企業太急著要勝過競爭對手，跨過了不該跨越的界線後，也不懂得懸崖勒馬，於是自取滅亡。另一種模式是「管理太過鬆散」所致，即使戰略再好，後面的階段營運不當的話，戰略也不可能成功。最後一種是「管理機能不健全」的類型，最典型的例子就是高層不了解基層，無法發揮組織機能而倒閉。

事實上，很多企業倒閉並非出於單一因素，也很難明確分類。但歸納出具體的模式，我們才會知道自己該注意什麼。

另外，這本書講究「簡單易懂」，所以內頁有加入我畫的插圖。我把企業擬人化，將一家企業的興衰畫成曲線圖，簡易歸納出該企業經歷的變化。縱軸不是營業額、利潤、股價這一類的要素，而是「企業的幸福度」。我們會檢討具體的數據，只是每個案例時空背景不同，我盡量不用統一性的指標。這一點有混入我個人主觀看法，但大多數的企業都可以透過這樣的圖表，來分析他們由盛轉衰的共通點是什麼。

接下來就要介紹具體的內容了。

請各位跟我一起學習前人的奮鬥，思考我們後人應該怎麼做吧。

「戰略方針不佳」的類型

管理上有問題

「管理機能不健全」的類型

「倒閉」不代表公司一定完蛋

聽到「倒閉」這兩個字，各位會聯想到什麼情況？不外乎是公司分崩離析，員工生計沒有著落等等的景象對吧？不過，消失不見得是企業倒閉唯一的下場。

有的企業倒閉後浴火重生、順利成長，你根本不曉得它倒閉過；也有企業重生後多次經歷倒閉命運。倒閉並不代表企業生命馬上結束。

換算倒閉企業的資產價值，按債權人優先順序和債權額，強制執行利益分配。

多半適用於上市公司或大企業，原則上舊有的經營階層不再參與經營。

在經營狀況更加惡化以前，尋求早期重整之道，原則上舊有的經營階層持有經營權。

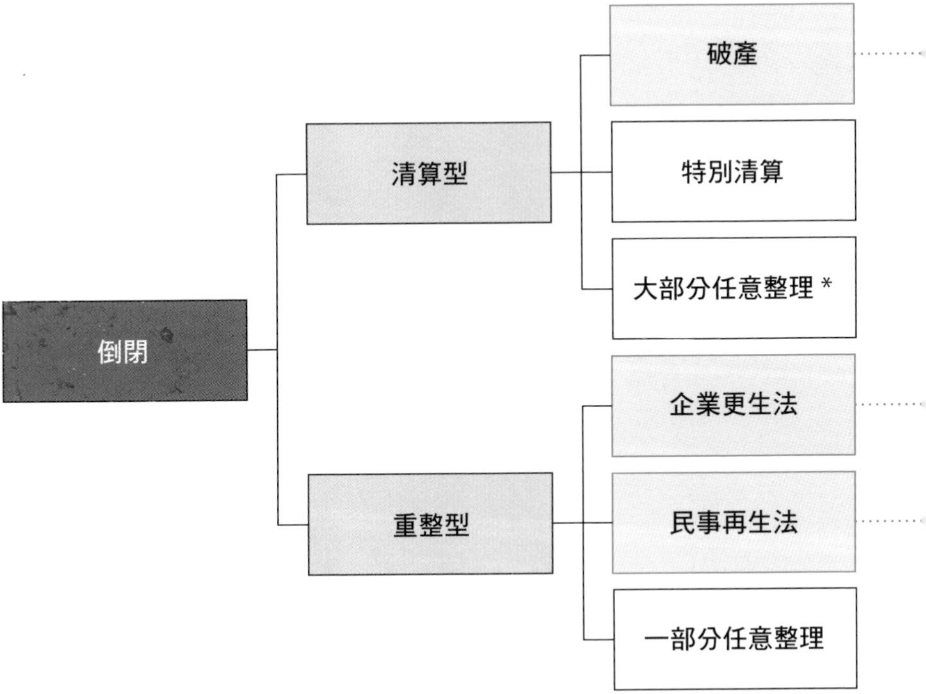
倒閉
清算型
重整型
破產
特別清算
大部分任意整理＊
企業更生法
民事再生法
一部分任意整理

然而，倒閉並非法律上的正式用語，人們對倒閉的認知也不盡相同。因此，在介紹本文之前，我們先來歸納一下「倒閉」的定義。

根據帝國資料銀行的說法，在日本「倒閉」一詞的

＊譯者注：透過司法力量，與債權人重新協商償債方式。

定義是，企業經營無以為繼，並且無力清償應付債務。簡單說，就是在期限內無法償還欠款，再也無計可施的狀況。倒閉後主要有兩大處理方式，一種是「清算型」倒閉，公司將會分崩離析；另一種是「重整型」倒閉，公司可以繼續營運下去，清償積欠的債務。

我們常聽的「破產」被歸類為「清算型」，也意味著公司澈底毀滅；至於「企業更生法」和「民事再生法」則被歸類為「重整型」，是以企業重生為前提進行。順帶一提，使用企業更生法原則上舊有的經營層不再參與經營，屬於一種較為根本，也較為繁雜的手法。相對地，使用民事再生法舊有的經營層仍可參與經營，相形之下重整的速度比較快。

在談到歐美企業倒閉時，我們會舉出「美國法典第十一章」（通稱破產保護法），以及英國的「管理程序」，這些都是以重整企業為前提。

為了幫助各位深入了解企業倒閉的原因，解說當中的教訓，我不會討論太多倒閉的相關手續或法律問題。只是請各位先認識一下這些單字，這樣讀起來會比較順暢。

本書有許多重整型的倒閉案例，有些例子或許也跟各位息息相關。對這種企業來說，倒閉純粹是一個過程而已。像天馬航空換了一批新的經營層後，業務也是蒸蒸日上，這才是我要說明的重點。

戰略上有問題

「受制於過去」的類型

過去的成功體驗太過強烈，企業無法下決心改變經營模式。

- 崇光百貨
- 寶麗萊
- MG羅孚
- 通用汽車
- 百視達
- 柯達
- 玩具反斗城
- 西屋電氣

「戰略方針不佳」的類型

企業依賴脆弱的戰略方針，稍遇風險便一蹶不振。

鈴木商店
霸菱銀行
安隆公司
世界通訊
三光汽船
爾必達記憶體

「勝利的方程式」起了反效果

戰略上有問題

「受制於過去」的類型

過去的成功體驗太過強烈，企業無法下決心改變經營模式

崇光百貨

那是一家
怎樣的企業？

以「獨立法人」的方式急速拓展店鋪

崇光創立於一八三〇年，前身是大阪的二手服飾店鋪「大和屋」，由年僅二十六歲的十合伊兵衛創立。伊兵衛是個很有才幹的富二代，他把大和屋改為高級和服專賣店後，利用西南戰爭的軍需景氣，獲得了巨大的成就。後來，店鋪改名「十合吳服店」，在心齋橋和神戶都有分店。一九一九年十合吳服店股份有限公司成立，正式進軍百貨業，崇光的前身就是在當時建立的。

經營百貨公司必須經常改裝硬體設施，十合在一九三五年受到昭和金融恐慌的影響，缺乏改裝硬體設施的資金。十合一族為了得到資金，轉讓半數股權給北海道財閥板谷宮吉，從此退出經營階層。

戰後，十合本店被駐日美軍接管七年之久，業務拓展遠遜於大丸百貨和其他競爭對手。同樣自大阪發跡的大丸百貨，在一九五四年進軍東京，也獲得巨大的成功，甚至一度超越三越百貨，奪下日本第一百貨的寶座。十合急於挽回劣勢，遂在一九五七年進軍東京（有樂町崇光店）。

不過，這個起死回生的策略還是失敗了，十合百貨陷入經營危機，板谷宮吉引咎退位。下一任社長坂內義雄在位期間猝死，導致板谷家的代理人水島廣雄副社長，跟當時的主要融資對象大和銀行爆發經營權之爭。

最終，水島廣雄在一九六二年當上社長，才平息了這場騷動。水島廣雄擁有在日本興業銀行工作的經歷，還擁有法學博士的頭銜，才幹十分了得。他帶領崇光走向繁華，卻也看著崇光破滅。

當初崇光百貨只有大阪、神戶、東京（有樂町）三家分店，水島社長決定拓展店鋪。那個年代美國的百貨公司開店，一定會遵照所謂的「彩虹法則」，也就是隔著大都市一段距離，像彩虹一樣圍繞大都市開設新的店鋪。水島社長參考這種做法，決定在千葉開店。

傳統的百貨公司是大都市的象徵，千葉人口才三十八萬，連公司內部都認為這是在貶低自家品牌，也有員工表示不願到郊區上班。地方上的人士也表示反對，理由是大財團會破壞地方經濟。不得已，水島想了一個奇招，把千葉崇光設為獨立法人，再來拓展店鋪。

透過地方上的法人來開店，可以增加當地人口的就業機會，減少母公司承擔的風險，算是一石二鳥的好計策。水島社長活用人脈廣招投資人，正式開設千葉崇光百貨。這個戰略廣收奇效，千葉崇光自一九六七年開店以來，每年的營業額都超出預期，短期間內回收了開店成本。

獨立法人堪稱是「百貨公司連鎖化」的營運模式，水島社長用這個方法創造了極大的可能性，之後又在國內加速設立了松山分店（一九七一年）、柏分店（一九七三年）、廣島分店（一九七四年）、札幌分店（一九七八年）、木更津分店（一九七八年）、黑崎分店（一九七九年）、船橋分店（一九八一年）。最後甚至在泰國（一九八四年）、香港（一九八五年）、新加坡（一九八六年）、台灣（一九八七年）、馬來西亞（一九八九年）開店，一躍成為百貨業界的革命先驅。

何以淪落到倒閉的下場？

現金流逆行

崇光百貨得以飛快拓展，主要跟「地價」有很大的關係。崇光事先買下開店預定地周圍的所有土地，等開店後地價上漲，公司的資產就跟著增加。資產增加後擔保能力提升，有盈餘的獨立法人就可以成為新店鋪（同為獨立法人）的債務擔保人，跟銀行借調資金，繼續開設新的店鋪。崇光創造的正是這樣的現金流。

比方說，千葉崇光營運上軌道以後，就由千葉崇光出資，開設柏分店。接著千葉崇光和柏分店，再一起出資札幌分店。地價上漲就有足夠的擔保能力，可以跟銀行調度更多資金開新店鋪。

然而，這手法有幾個大問題。

第一，獨立法人互相支援的形態過於複雜，經營內情幾乎不透明。再加上水島社長獨攬大權，沒有人清楚崇光集團的經營狀況。據說出借資金的銀行，乃至水島社長本人，都不清楚正確的經營狀況。每家公司都是獨立法人，既沒有人員上的交流，數據基準也各不相同，資金管理鬆散到令人驚訝的地步。

另一個問題就更不用說了，一旦地價下跌所有好處都會逆轉過來。擔保品的價值下跌，銀行就會斷絕資金，並要求償債，到時候這個巨大的現金流，就會一舉變成「毀滅公司的債務流」。

地價直到一九八九年都還在上漲，在此之前沒有什麼大問題，但泡沫經濟崩潰以後，一切就開始反其道而行了。以土地為擔保品的債務，在泡沫經濟崩潰後重擊崇光的財務，崇光承受金融機構極大的壓力。

可是，水島社長依然自信滿滿，一九九四年他退居二線當上會長後，認為只要等到景氣回復，現金流就會重新發揮機能。無奈一九九五年發生阪神大地震，後來又碰上主要融資對象日本長期信用銀行等多家銀行破產，全日本陷入空前的不景氣，崇光也被逼到無路可退。最後整起商業事件還發展成政治問題，二〇〇〇年七月，崇光集團申請民事再生法，長年來備受崇敬的百貨英雄水島，地位也一落千丈。

到底
哪裡做錯了？

持續性高的經營模式有何危險性？

崇光百貨的問題，其實跟水島社長獨攬大權的經營方式有關係。這確實是癥結沒錯，但我們不妨從不同的角度來看待此一問題。

那就是「經營模式的穩固性」，建立一個長久帶來穩定收益的經營模式，多數員工就只會執行那樣的模式。畢竟直接照辦比較輕鬆，不必動腦去思考問題所在。因此員工只願做好份內的工作，不想多花心力替自己找麻煩，這是很自然的心態。長此以往，員工不懂得批判和懷疑，看到錯誤的經營決策，也會無條件接受。

崇光一九六七年開立千葉分店，拓展了這一套經營模式後，一直到一九九〇年泡沫經濟崩潰為止，整整二十多年都靠這一套「穩固的模式」獲利。講句難聽一點的，千葉崇光開設以後的這二十年，水島社長只要決定開店的場所和時機就好。大家也都盲目相信水島社長，沒有人提出意見。一個新人進公司二十年，年紀也超過四十歲了，長年來習慣這種模式的員工，根本沒機會培養批判性思維，也缺乏有建設性的議論能力。

「各位，千萬別當一個崇拜偶像的井底之蛙，只看自家公司過去的輝煌……如果上頭沒有指示你們就不會行動，那麼外人對崇光的評價只會更低。」

崇光申請民事再生法以後，由前西武百貨公司會長和田繁民負責整頓，剛才這句話就是他在企業刊物上，對崇光員工發表的談話。這段話措詞嚴厲，但塑造一個「讓員工主動思考的環境」，是整頓崇光不可或缺的步驟。

我們
該學到的
教訓

這個例子告訴我們，平時我們該從哪個層面反思自己的經營模式。對於陷入困境的企業來說，必須回歸原點檢討經營模式，也就是思考「過去的模式是否真的可行？」至於持續成長的企業，沒有澈底檢討的必要。換句話說，成功的經營模式有九成會被當金科玉律，大家只要檢討剩下的一成就夠了。

在這種情況下，懷疑「金科玉律」一定會引來反感，畢竟這得耗費極大的心力。不過，看崇光的例子不難發現，組織成員若只檢討剩下的那一成，企業很快就會崩潰。

我們應該不時反問自己，自家企業的經營模式，究竟是以什麼為前提？那樣的前提又會在何種情況下崩潰？

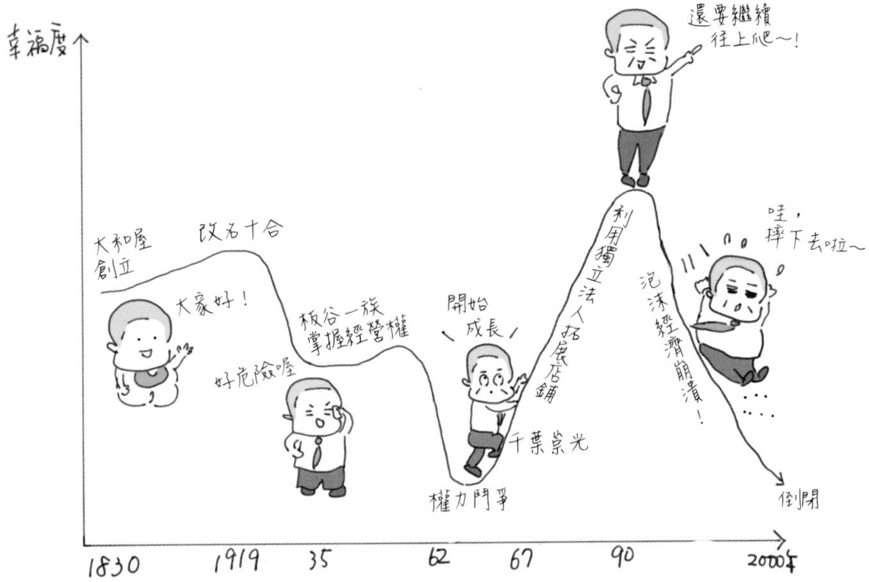

崇光百貨倒閉的三大教訓

01

思考自家企業的經營模式，究竟建立在何種前提之上？

02

檢討「前提」是否偏離初衷，養成集思廣益的習慣。

03

擁有穩定的經營模式，而且持續成長的企業反而特別危險。

企業名稱	崇光百貨
創業年份	一八三〇年
倒閉年份	二〇〇〇年
倒閉型態	適用民事再生法
業種與主要業務	零售業、百貨業
負債總額	一兆八千七百億日圓（集團總額）
倒閉時的營業額	約一兆日圓
倒閉時的員工數	約一萬人
總公司所在地區	日本東京都千代田區

參考文獻：
『神様の墜落〈そごうと興銀〉の失われた 10 年』 江波戸哲夫 新潮社
『そごうの西武大包囲戦略』 渡辺一雄 カッパ・ビジネス
『巨大倒産』 有森隆 さくら

「太講究分析」而倒閉

戰略上有問題

「受制於過去」的類型

過去的成功體驗太過強烈，企業無法下決心改變經營模式

寶麗萊

那是一家
怎樣的企業？

賈伯斯尊敬的天才創造了寶麗萊盛世

一九三七年，年僅二十六歲的美國天才發明家埃德溫・赫伯特・蘭德創立了寶麗萊。公司名稱源於「偏光鏡（Polarizers）」，蘭德從學生時代就專注研究偏光技術，這是一家以偏光技術為業務主體的新創企業，舉凡汽車大燈、太陽眼鏡、皮膚分析儀器等物品，都有用上偏光技術的材料。後來，第二次世界大戰爆發，寶麗萊的技術也活用在軍事領域上，包括陸軍的護目鏡和空軍的瞄準器等等，收入的百分之八十七都仰賴軍事契約。

到頭來幾乎成為軍需企業的寶麗萊，在一九四三年面臨了重大的轉機，起因是蘭德三歲女兒的一句話。那一年蘭德帶全家人出遊，大家在一起拍照的時候，女兒突然問蘭德，為什麼照片拍完不能馬上看到？

照片沖洗技術自一八八八年伊士曼・柯達發明底片以來，幾乎沒有任何變化。拍完只能拿去照相館沖洗，等上好幾個禮拜，或是自己在暗房沖洗。不過，女兒的一句話刺激了天才發明家的想法。於是，蘭德設計出了「拍立得相機」的原型機，爾後人們拍完照，只要幾個小時就能拿到照片。

後來，蘭德持續研究如何實際應用這項新技術，終於在一九四七年推出了第一代的拍立得相機。顯影過程只需五十秒，《紐約時代》雜誌形容這是一項劃時代的發明，堪稱「照片史上前所未有的創新」。賈伯斯也稱呼蘭德是「國寶」，對他的才能表示極高的敬意。蘭德既是企業經營者，又是才幹卓絕的產品設計師，這或許就是賈伯斯心目中理想的人才。

寶麗萊不斷鑽研技術，努力縮小相機的體積，提升照片的品質，開發自動聚焦功能，成功拓展拍立得相機的市場。尤其一九六〇年代成長更為卓著，這段期間寶麗萊的股價暴漲了四倍以上。

然而，鴻運當頭的寶麗萊也經歷了挫敗。寶麗萊耗時十多年開發電影專用的隨拍即看攝影機「Polavision」，好不容易熬到一九七七年正式販售，結果卻以失敗收場。

以一台攝影機來說，Polavision 確實非常獨特，只可惜機器沒辦法錄製聲音，卡帶也只能錄下三分鐘的畫面，完全比不上當時逐漸崛起的ＳＯＮＹ生產的

Betamax。累計虧損高達六千八百萬美元，於一九七九年終止販售。

之後，蘭德把社長一職交給副手瑪奇恩，自己擔任會長和研究所長。一九八〇年，求新求變的蘭德提出袖珍攝影機的構想，打算著手開發，不料遭到瑪奇恩的否決。退下社長寶座的蘭德，沒辦法再按照自己的意思開發產品了。

蘭德一向自詡為「創新和發明家」，當他認清自己在公司內的地位後，便決定離開自己創立的企業。蘭德賣掉寶麗萊的持股，用賺來的資金成立蘭德研究所，過上「每天做實驗」的研究中毒生活，餘生雖與寶麗萊毫無瓜葛，倒也過得非常充實。據說，賈伯斯也時常造訪他的研究所。

相對地，寶麗萊告別了蘭德的光榮時代，在新體制下漸漸走向衰敗。

何以淪落到倒閉的下場？

沒有果斷發展數位化技術，跟不上市場變化

一九八〇年以後，寶麗萊在美國照片業的市占率不斷下滑。一九七八年還有百分之二十七的市占率，短短四年就剩下百分之十七。

其中一個原因，就是業界龍頭柯達發動了攻勢。在寶麗萊草創時期，柯達並不重視拍立得相機，直到拍立得相機在業界有了舉足輕重的地位，柯達才加入競爭的行列（這也導致柯達侵害寶麗萊的專利，一九九〇年賠了十億美元）。柯達改良自家的底片，拿到照相館只要六十分鐘就能顯影。

本來顯影要花上好幾天到好幾個禮拜，現在只要六十分鐘就夠了。儘管還比不上寶麗萊的一分鐘顯影技術，但雙方的差距大幅縮短了。寶麗萊「隨拍即看」的優越性，受到了嚴厲的挑戰。

另外，奧林巴斯和佳能等日本企業，也推出了畫質更精良、體積更小巧的相機。寶麗萊的拍立得相機跟普通相機比起來，顯影速度幾乎沒有優勢，畫質和機種類型更是完全比不上對手。

當然，瑪奇恩等經營高層也設法解決此一困境，他們有更大的創新計畫，就是開發數位技術的新商品。一九八〇年代中期，寶麗萊和飛利浦共同組成合資公司，開發出數位感測器和壓縮檔案的演算法，其中數位感測器可以生成一百二十萬畫素的影像。

不過，這些數位化的方案在最終階段被全數否決。理由是，那個年代數位技術的市場好壞還是未知數，可能會害他們失去重要的底片市場。再者，從傳統照相技術的角度來看，當時數位技術印刷出來的照片品質，只能用「低劣」來形容。

瑪奇恩的後繼者布斯，投入大筆資金研究如何改良傳統相機。一九八六年生產的拍立得相機「SPECTRA」大賣，就是以傳統相機的技術為開發基礎。

諷刺的是，這次大賣反而害寶麗萊陷入萬劫不復的困境。因為，當時相機的數位化技術有了驚人的發展。

在這段關鍵時期，寶麗萊又面臨一大嚴峻的考驗，那就是防止私募股權基金的收購。寶麗萊手握大量現金，營運卻始終沒有起色。私募股權基金提出了三十億美元的收購案，經營層必須集中心力與之對抗。最後，寶麗萊成功駁回收購案，但也失去了寶貴的時間和三億美元的資金。

一九九五年，卡西歐推出了「QV-10」數位相機，宣告數位相機的時代到來。數位化浪潮來得又快又急，沒有累積數位化技術的企業，馬上就落後一大截，柯達和寶麗萊都是跟不上時代趨勢的企業之一。

結果，寶麗萊營收急轉直下，二〇〇一年十月根據《美國法典》第十一章申請破產保護（順帶一提，寶麗萊在第一次倒閉後成功復活，不料這次換收購寶麗萊的金主出問題，寶麗萊在二〇〇八年第二次倒閉，這當中的故事就不贅述）。

到底
哪裡做錯了？

敗在簡單的商業惰性

經營學家克里斯汀生有一本著作叫《創新的兩難》，寶麗萊的故事正是這種兩難局面的典型範例。尤其在這個案例中，寶麗萊都已經準備好要推出數位化產品了，卻在最終階段推翻原先的構想，這和克里斯汀生的說法有相近之處。換句話說，寶麗萊並不是沒有注意到新市場，也沒有忽略新市場，他們發現新市場的可能性，只是在投入的時間點上猶豫不決，做了錯誤決策。

按照克里斯汀生的說法，保存舊有技術體系的大企業，之所以不採用創新的技術，其中一個原因就是「不存在的市場無法分析」。

站在寶麗萊的角度，當時數位化還是「不存在的市場」。究竟市場有多大規模？成長率有多高？收益有多少？這些評測「市場魅力」的方法一概不管用，沒辦法像既有市場那樣，進行合理的分析或溝通評估。

到頭來，寶麗萊在一九八〇年代中期有兩大選項：一是透過合理分析推出的熱門商品「SPECTRA」，一是品質低落又前景不明的數位化商品。寶麗萊選擇了前者。SPECTRA也確實大賣，但經營馬上急轉直下。

按照克里斯汀生的理論，寶麗萊不應該執著於「分析」，而是應該從失敗中「學習」。亦即，先推出嶄新的技術，再來了解市場有多大的可能性。

如果是喜好創新的蘭德擔任經營者，一定會積極「學習」新市場的可能性吧。可是「學習」的文化會隨著時間流逝，企業會越來越重視「分析」。從寶麗萊的例子我們不難發現，企業成長後很難維持「學習」的文化。

我們該學到的教訓

看完這個案例，我們應該反省自己是善於「學習」？還是善於「分析」？長期堅守既有的商業模式與框架，容易養成分析資料的習慣。久而久之，面對無法分析的事物，就會失去決斷的能力。這只會養出「不適應變化的人才」，沒有能力處理未知的事物。

為了避免類似的狀況發生，我們要常保「學習」的文化。也就是說，要相信未知的事物中隱藏著機會，並從失敗中學習教訓。

請各位記住寶麗萊的教訓，反思自己在學習和分析之間，有沒有太偏重某一方。

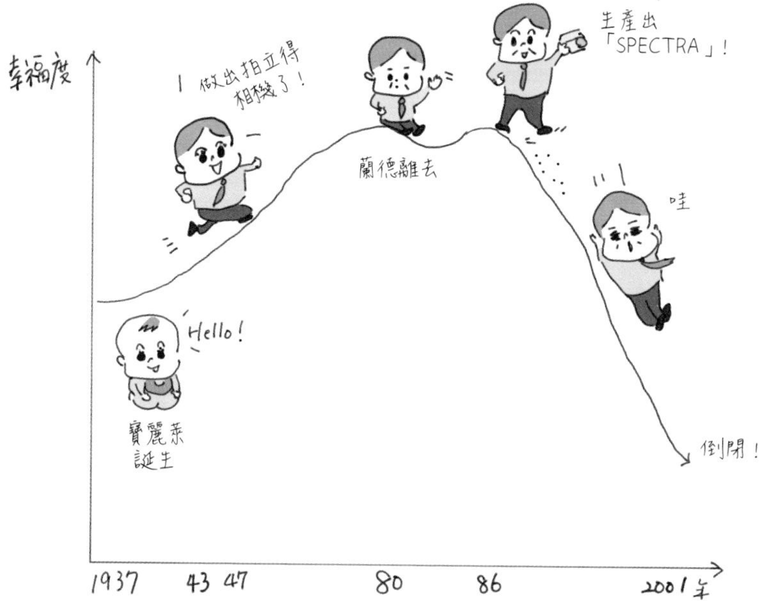

寶麗萊倒閉的三大教訓

01

以評估既有事業的方式，來評估新事業是有風險的。

02

不存在於市場上的新商機，幾乎無法分析。

03

要抓住新商機，就該從實踐中學習。

企業名稱	寶麗萊
創業年份	一九三七年
倒閉年份	二〇〇一年、二〇〇八年
倒閉型態	適用《美國法典》第十一章（重整型處理手續）
業種與主要業務	製造業
負債總額	九億五千萬美元（二〇〇一年）
倒閉時的營業額	三億三千萬美元（二〇〇一年）
總公司所在地區	美國明尼蘇達州明尼通卡

參考文獻：
『ポラロイド伝説』 クリストファー・ボノナス 実務教育出版
「ポラロイド vs 富士写真フイルム 競い合う単品一筋と多角化」日経ビジネス 1976年5月24日号
「カメラはインスタント化へ 未来を見すえ"精神統一"」 日経ビジネス 1978年8月28日号
『イノベーションのジレンマ』 クレイトン・クリステンセン 翔泳社

「受制於過去」的類型

過去的成功體驗太過強烈，企業無法下決心改變經營模式

無法改善沒效率的體質而倒閉

戰略上有問題

「受制於過去」的類型

過去的成功體驗太過強烈，企業無法下決心改變經營模式

MG 羅孚

那是一家
怎樣的企業？

擺脫不了英國汽車產業負面的歷史

ＭＧ羅孚是二〇〇〇年成立的英國汽車製造商，倒閉的時間是二〇〇五年，營運才短短五個年頭。這一齣倒閉的戲碼，其實就是英國汽車業界漫長的歷史縮影。為了了解這一家企業倒閉的前因後果，我們先拉回二次世界大戰結束後，分析一下英國的汽車製造業歷史。

一九五二年，英國兩大汽車製造商奧斯汀汽車公司和奈菲爾，透過合併的手法來穩定經營基礎，二者共同設立了英國汽車公司。不過，合併沒有達到預期的效果，英國汽車公司業績不振，失去了英國國內的市占率。

一九六六年，缺乏繼任人才的捷豹也加入了英國汽車公司，英國汽車公司變成了英國汽車控股。合併後的整合工作都還沒做好，一九六八年又吸收了羅孚和利蘭汽車，前者是知名的客車和四輪驅動車製造商，後者則以生產卡車為主。整個集團又改名為英國利蘭（簡稱ＢＬＭＣ）。

英國汽車製造商之所以持續合併，主要是「國際競爭力低落」的緣故，在全球化的激烈競爭下，英國汽車製造商無法獨自生存下來。當時的執政黨英國工黨，試圖採用英國重工業的手法，亦即透過合併擴大規模，促進效率來打破僵局。

然而，巨大化的ＢＬＭＣ營運毫無章法可言。公司要面對嚴重的罷工和各種勞資糾紛，這些問題在當時甚至被稱為「英國病」；另外，公司旗下的品牌增加，產品換湯不換藥（某製造商的車子換個名稱和品牌，用其他製造商的名義推出）的現象也層出不窮。各品牌間的內部調整沒做好，經營課題變得過於複雜，根本一點效率也沒有。

同時，美國在一九七〇年代推行空汙法案（Muskie Act），一九七三年又爆發石油危機，ＢＬＭＣ承受不了環境劇變，幾乎處於破產的邊緣，最後只好收歸國有。這個階段大部分的品牌都成為整頓對象，英國汽車產業在一九六〇年代，生產的汽車數量僅次於美國和德國，位居世界第三；但到了一九七〇年，英國汽車產業卻碰到了沒有出口的瓶頸。

誠如各位所知，當年日本汽車產業逐漸抬頭，日本的各家汽車製造商互相競爭求變，生產出經濟又實惠的便宜汽車。相對地，英國國內的製造商幾乎收歸國有，只能按照毫無特色的方式經營，英國汽車的國際競爭力也就每況愈下。

何以淪落到倒閉的下場？

BMW突然收購導致最壞的下場

一九八六年BLMC捨棄既有的名稱，改名為羅孚集團。集團內的高檔品牌賣給了福特等外資企業，試圖用縮小規模的方式力求生存。

一九八八年，重歸民營化的羅孚集團被飛機製造商英國航太收購。一九八九年本田（本田技研工業）持有羅孚的股份，羅孚借助本田的實力來開發羅孚汽車和MG的新車，業績總算逐步改善，一九九四年還創下有史以來最棒的佳績。

可是，一九九四年羅孚突然被賣給BMW。本來差點取得經營權的本田，解除了雙方的合作關係。那時候，大家都相信本田會收購羅孚，沒人能理解為何是BMW出面收購。

從結果來看，BMW的收購導致了最糟糕的下場。羅孚不借助本田的實力，想要開發自家的車種，但引擎本體問題叢生，低劣的後勤又墊高了營運成本。BMW才收購五年，一九九九年虧損已達一千兩百億元，又跌回慘不忍睹的赤字狀態。

最後，BMW在二〇〇〇年決定賣掉羅孚，不再施以救助。對BMW來說，收購羅孚堪稱是「最大的汙點」。羅孚旗下的高檔品牌MINI被BMW拿走，蘭德羅孚也被賣給福特，只剩下MG和羅孚。羅孚在這種狀態下，僅以十英鎊的賤價賣出。

羅孚被賣出後又改名MG羅孚，重新出發，目標是建立起每年二十萬台的生產制度。無奈海外銷售網早已殘破不堪，只剩下英國的高成本生產據點。MG羅孚最後的希望，就是跟中國汽車大廠上海汽車合作。上海汽車斷定MG羅孚重振無望，交涉也告吹了。二〇〇五年，MG羅孚申請管理程序命令，面臨了倒閉的命運。碩果僅存的英國資本車商，在那一刻宣告終結。

到底
哪裡做錯了？

想在汽車市場求存，卻沒有進行根本的改善措施

ＭＧ羅孚的經歷，象徵英國製造業長年來的混亂史。無法自力更生的企業，在政府的主導下接受合併與收購，名義上說要追求效率化，實際上卻胡亂增加品牌；等經營出了問題，就賣掉品牌來延續企業壽命。與競爭力有關的開發和生產能力也沒改善，就這樣慢慢毀掉長年建立起來的品牌形象。這就是英國製造業悲哀的歷史。

本田和羅孚合作過很長一段時間，據說本田對羅孚的基層風氣也束手無策。很多本田的技術人員批評羅孚，說羅孚的員工午餐時會喝酒，下午四點半就下班，害他們花了很大的心力才提升企業生產力。

這話說得一點也不假，羅孚倒閉的主因是「生產效率太差」。該企業有六千名員工，生產數量才十一萬台（二〇〇五年數據），平均每人只生產二十台左右。正常的量產型汽車製造商的生產基準，平均每人生產四十台，羅孚只有別人

的一半。生產效率如此低落，無論做什麼都不會賺錢。

再加上政府和輿論認為，不能放棄英國資本的汽車產業，要守住汽車產業帶來的就業機會才行。MG羅孚受到這兩者的影響，始終無法擺脫國營時代的風氣，因此長年來無法做出正確的判斷，完全喪失解決問題的能力。

不過，最根本的問題在於，該企業的品牌是否獲得全球消費者的支持？是否值得消費者花大錢購買？就算有再多保護本國產業的理由，執政黨也願意提供援助，但在本質上無法與其他競爭對手一較高下的企業，終究會在市場機制下退場。這個例子告訴我們的，就是這麼殘酷的現實。

我們
該學到的
教訓

像汽車製造這種雇用大量員工的產業，往往跟國家失業率或薪資問題息息相關，所以政府會積極介入。也難怪生產效率低落的狀況遲遲無法改善，這在正常的市場機制下是不可能發生的事情。

可是，從長遠的角度來看，政府介入也沒辦法維持太久。儘管市場也有看錯的時候，但在毫無壁壘的全球市場競爭，長久下來企業還是得順應市場規則。

不管在哪個產業打滾，我們應該冷靜評估業界的規則，在正確的時機做出合乎業界規則的決策。在該做決定時不做正確決定，故意與市場反其道而行的企業，只會給國家社會留下一屁股爛帳。

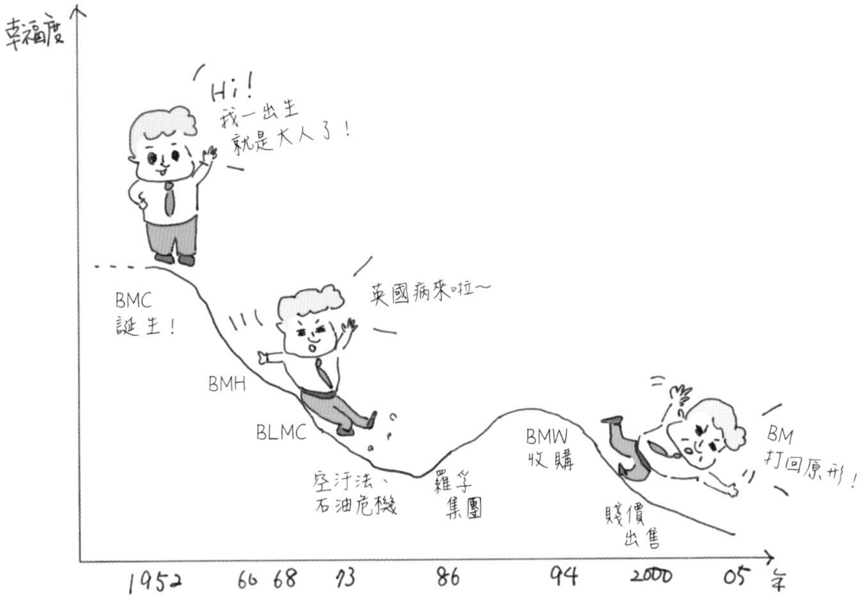
幸福度
Hi!
我一出生
就是大人了！
BMC
誕生！
英國病來啦～
BMH
BLMC
空汙法、
石油危機
羅孚
集團
BMW
收購
賤價
出售
BM
打回原形！
1952
66 68
73
86
94
2000
05 年

MG羅孚倒閉的三大教訓

01

了解業界規則，探究成功所需的要素。

02

了解規則和成功要素後，再來制定自家戰略。

03

決策時機至關重要，錯過時機日後必定要付出代價。

企業名稱	MG 羅孚
創業年份	二〇〇〇年
倒閉年份	二〇〇五年
倒閉型態	申請管理程序命令
業種與主要業務	汽車製造與販賣
倒閉時的員工數	約六千人
總公司所在地區	英國伯明罕

參考文獻：
「英ローバー支援、制動遅れた BMW」 日経産業新聞 1999 年 2 月 9 日
「MG Rover's Supply Chain Disruption」by James B Ricw Jr., *Harvard Business Review*
「ライバルとのコラボレーション戦略」ゲイリー・ハメル /C.K. プラハラッド / イブ レ ドーズ DIAMOND ハーバード・ビジネスレビュー 2005 年 2 月号

過度依賴政府而倒閉

戰略上有問題

「受制於過去」的類型

過去的成功體驗太過強烈，企業無法下決心改變經營模式

通用汽車

那是一家
怎樣的企業？

與汽車大國美國的利益息息相關的大企業

相信大家都知道，通用汽車（GM）是美國極具代表性的汽車製造商，其歷史長達一百年以上。

二十世紀初，汽車終於逐漸取代馬車。當時汽車的動力究竟是汽油、電力、還是蒸汽，這個問題還未有定論。據說，一九〇三年汽油車製造商有九十九家，電動車製造商有四十一家，蒸汽車製造商有一百〇六家。

福特帶動了汽油車時代的來臨，簡約的福特T型車有效率地大量生產，成功壓低了汽油車的價格。馬車的時代宣告結束，也奠定了汽油車的發展趨勢。

汽車市場的黎明期並不穩定，福特卻成功拿下第一階段的勝利。若說福特在當年是革命性的新創企業，那麼帶動汽車市場成長的，就是同一時期成立的通用汽車了。

通用汽車的創辦人威廉・杜蘭特，收購了幾十家汽車製造商，後來繼任的艾爾弗雷德・斯隆統合了商品款式。消費者只要去找通用汽車，一定能買到合乎預算的產品。

通用汽車每年還會更新車款，讓消費者預期新車款以刺激買氣。多數美國人開始對簡約便宜的T型車不感興趣，通用汽車覷準他們的「換車需求」，對汽車市場做出極大貢獻。

一九二〇年代，通用汽車超越福特汽車，搶下市占率第一的寶座。後來，經歷第二次世界大戰，通用汽車在美國市場一直保有四成以上的市占率，儼然是成功企業的象徵。

一九五三年，通用汽車社長查理・威爾森被任命為國防部長，有人質問他身為通用汽車股東，會不會做出違反國家利益的事情，他表示美國的利益就是通用的利益，反之亦然。拿企業利益與國家利益相提並論，這在當時引起了軒然大波，放到現在肯定備受攻擊。不過，從這一則故事中，我們可以看出那時候的通用汽車，在美國有多大的地位。

何以淪落到倒閉的下場？

無法擺脫過去的包袱

曾為美國最大規模企業的通用汽車，在一九七〇年代預見了危機的到來。以豐田為首的日本汽車製造商崛起，通用汽車發現日廠的生產方式很有效率，員工也十分有紀律。

到了一九八〇年代，危機終於浮上檯面了。通用汽車和豐田共同設立NUMMI（新聯合汽車製造公司），兩家企業的品質和成本，都得攤在陽光下供人檢視。最驚人的是，通用汽車幾乎在每一個層面上，都輸給了豐田汽車。

可是，通用高層面對這樣的現實，也沒辦法改變以往的經營方法。其中一個原因，就是通用汽車成立以來堅持的「分權化」特徵。當時，通用汽車旗下的品牌缺乏控管，有數不清的購買部門和製造單位。而且，這些部門和單位各自為政，也沒有經過串聯和統整。

據說，不同購買部門採購相同的零件，價格竟然都不一樣，各品牌之間的購買部門也不曉得彼此在幹什麼。豐田和其他日本企業管理有方，過於複雜化的通用汽車要與之相抗，幾乎是不可能的任務。

另一個關鍵因素是「工會協議」，那是在一九五〇年前後埋下的定時炸彈。當年，通用汽車和全美汽車工人聯合會（ＵＡＷ）簽下極為優厚的協定（底特律協定），提供高薪、高額退休金、終生負擔醫療費用等福利。那時候通用汽車業績正好，除了三巨頭當中的福特、克萊斯勒以外，再無其他競爭對手。因此，通用汽車認為只要提升販售價格，即可解決成本上升的問題。

在通用汽車成長的年代，這種做法確實沒有問題。不過，後來效能和款式更佳的日本汽車問世，通用汽車很難維持販賣價格。市場的競爭規則改變，再加上員工高齡化的問題，這一顆定時炸彈的衝擊遠超出想像。

結果，退休金和離職員工的醫藥費帶來龐大的負債，遠超出通用汽車的償債能力。儘管政府有提供紓困融資，通用汽車也有考慮過各種延命的合併手段，但二〇〇九年六月還是難逃倒閉的命運，申請了破產保護法。

到底
哪裡做錯了？

依賴政府救濟的惰性破壞了企業體質

為什麼通用汽車無法革新求變呢？其中一個因素，就是他們在危機時「依靠政府」。誠如前述，日本汽車在一九七〇到一九八〇年代，以高度的生產性來進行削價競爭，逐步搶攻市占率。通用汽車沒有反省自家的經營模式，而是借用政府的力量，限制日本汽車出口，干預國際匯率。政府的支援反倒讓通用汽車錯失了改革的時機。

不消說，政府幫助通用汽車的原因在於，汽車是支撐國力的一大產業。查理・威爾森說得沒錯，通用汽車是美國象徵性的存在。簡單說，就好像「聰明又能幹的長子」，政府則是兒子出事時最可靠的父母。諷刺的是，這種支援反倒讓通用汽車產生依賴性，破壞了他們的企業體質。

我們
該學到的
教訓

通用汽車倒閉的故事帶給我們很多啟發。其中一個啟發就是，我們會在無形中受到「過去」的影響，依賴舊時代留下來的「觀念」。

對通用汽車來說，他們曾享有美國最大企業的榮耀，因此每次出事情時，政府一定會出手相救。而這樣的經歷，也讓他們產生一種「出事情會有人來扛」的觀念。擁有這種觀念的人才或企業，在面對危難時無法審慎應對。到頭來，連這麼大的企業都倒閉了。

看完這個例子，我們該反思自己的過去，思考這些經歷所造成的「觀念」是否合宜。「觀念」這種東西平時是看不到的，只有在危難時才會產生影響力。

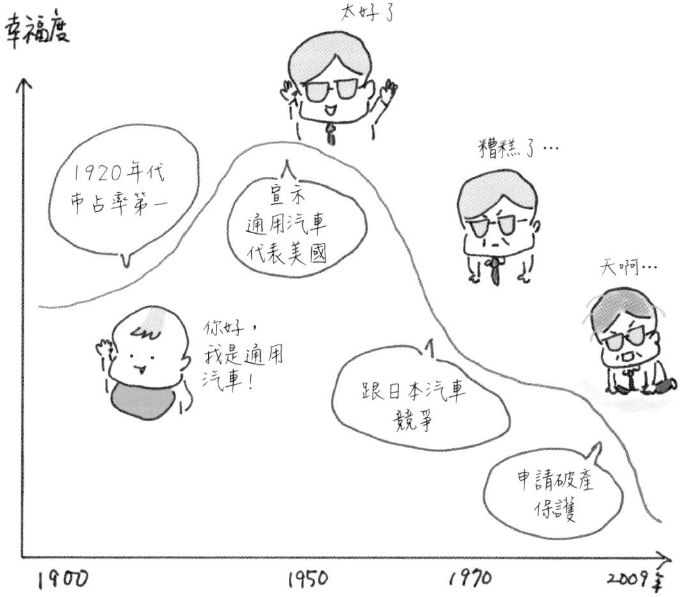
幸福度
太好了
1920年代
市占率第一
宣示
通用汽車
代表美國
糟糕了…
天啊…
你好，
我是通用汽車！
跟日本汽車
競爭
申請破產
保護
1900
1950
1970
2009年

通用汽車倒閉的三大教訓

01

過度分權化的組織，是阻礙變革的一大原因。

02

天真的想法在危急時刻會要你的命。

03

放下過往的輝煌，正視現在，思考未來。

企業名稱	通用汽車
創業年份	一九〇八年
倒閉年份	二〇〇九年
倒閉型態	適用《美國法典》第十一章（重整型倒閉處理手續）
業種與主要業務	製造業，汽車製造與販賣
負債總額	一千七百二十八億一千萬美元
倒閉時的營業額	一千〇四十五億八千九百億美元 （二〇〇九年十二月決算資料）
倒閉時的員工數	二十四萬三千人
總公司所在地區	美國密西根州底特律

參考文獻：
『GMの言い分』 ウィリアム・ホルスタイン PHP研究所
『なぜGMは転落したのか―アメリカ年金制度の罠』 ロジャー・ローウェンスタイン 日本経済新聞出版社

錯失重要時機而倒閉

戰略上有問題

「受制於過去」的類型

過去的成功體驗太過強烈，企業無法下決心改變經營模式

百視達

那是一家
怎樣的企業？

以雄厚的資本迅速統一出租影片市場

百視達是一九八五年大衛・庫克在美國達拉斯創辦的。當時，美國的影視出租業主要由在地色彩濃厚的中小企業經營，屬於沒有大資本介入的「分散市場」，百視達打破了這樣的經營傳統。百視達用大量進貨的手法壓低價格，還備有豐富的片源和庫存數量，甚至率先使用電腦系統管理庫存。這些手法讓百視達在展店初期獲得巨大的成果。

隔年一九八六年，百視達為求更進一步的發展與擴張，準備讓公司的股票上市。過程中百視達的所有權轉移到韋恩・赫贊加手上，赫贊加是全美最大垃圾處理公司的經營者。他看準時機，一舉拓展大量的店鋪。

一九八六年百視達只有十九家店鋪，其後百視達收購中小型的競爭者，到一九八七年已拓展為一百三十三家店鋪；一九八八年拓展到四百一十五家店鋪，一九八九年拓展到一千〇七十九家店鋪。赫贊加看出，一九九〇年代美國市場已近飽和，便轉往英國和其他歐洲國家發展，足跡甚至遍及南美、澳洲、日本（日本由藤田田率領的藤田商會，成立日本百視達股份有限公司）。

到了一九九三年，百視達創業才短短八年，已在全球擁有三千四百家店鋪。當時第二名以下的影視出租企業就有五百多家，但這五百家企業的店鋪加起來都沒百視達多。

百視達從早上十點營業到深夜時段，而且全年無休，商品種類還能配合在地需求，對居民來說是不可或缺的存在，乍看之下是固若金湯的經營模式。

可是，一九九四年赫贊加認定百視達缺乏發展性，便以八十四億美元的價格，賣給美國最大的有線電視業者維亞康姆。有人問赫贊加賣掉百視達的理由，他是這麼回答的：

「每年成長近百分之五十的企業，股價高出收益三十倍也不足為奇，但實際上百視達的股價只比收益高出二十倍。原因在於光纖網路的興起，客戶只要用隨點即播的方式，在家點選要看的影片，錄影帶早晚會消失。」

從結論來看，赫贊加身為一個投資人的眼光是正確的，百視達也就是在那個時候由盛轉衰。

何以淪落到倒閉的下場？

影視媒體改變，過去的商業模式太過落伍

那麼，收購百視達的維亞康姆打著什麼樣的算盤呢？其實，維亞康姆除了收購百視達以外，還花了一百億美元收購派拉蒙影業，派拉蒙影業擁有電影和體育節目的播放權。維亞康姆每年有超過一百億美元的營收，是足以跟迪士尼分庭抗禮的大型媒體企業。

維亞康姆打算用自家有線電視系統，播放派拉蒙影業的電影，錄影帶則由百視達提供。也就是澈底支配上流社會到底層家庭的電視頻道，發揮相輔相乘的效果。

然而，事實上維亞康姆的策略並沒有奏效。由於借貸的金額太龐大，營收表現完全不符合期待。再者，旗下的百視達也受到沃爾瑪和玩具反斗城的嚴厲挑戰。大型零售業大量採購名作，以低價賣斷給消費者，減少了消費者租片的需求。本來維亞康姆把百視達當成賺取現金的來源，如今百視達經營不振，導致集

團的財務惡化，也是股價下跌的主因。

到了二〇〇〇年左右，百視達的競爭環境又出現了新的挑戰，那就是DVD的普及和錄影帶的衰退。

影視媒體的改變創造出了百視達的競爭對手，一九九七年創立於矽谷的新創企業網飛（Netflix），便是百視達的一大對手。網飛本身沒有實體店鋪，而是用郵寄DVD的租賃方式。DVD比錄影帶更不容易壞，輕薄的體積也比較好寄送，因此不需要實體店鋪就能提供租片服務。

另外，網飛廢除了「逾期罰金」制度，罰金對百視達來說也是重要的收益來源。網飛改用月費制度，只要消費者不超出規定的數量，隨時都可以租片來看，不必再受到逾期罰金的限制。再者，網飛善用沒有實體店鋪的優點，倉庫中保有的影片數量幾乎是百視達實體店鋪的十倍以上。

網飛採用新的經營手法，讓消費者更容易看到想看的影片，還不用在意出租的時間。百視達頓時失去魅力，也加快流失客群。

二〇〇四年，維亞康姆決定放棄百視達，減少集團本身的債務。之後，百視達打算效法網飛郵寄DVD的經營方式，但網飛活用推薦機能建立的優越性，已大幅超越百視達。二〇〇七年百視達縮減DVD郵寄業務，並下令裁員，關閉全美各地的店鋪。

百視達除了縮小規模以外，再無其他救命的辦法。終於還是在二〇一〇年九月，申請聯邦破產保護法，承認公司再也營運不下去。

到底
哪裡做錯了？

倒閉前十六年就已經碰到了轉捩點

很多企業利用舊體制支配市場，可惜順應不了環境變化而被淘汰，百視達稱得上是最典型的例子。這家企業本身沒有任何醜聞，卻在十幾年內從頂尖企業一路走向倒閉，這也讓不少頂尖企業進行深刻的反思。

當然，這個問題並沒有簡單的答案，但百視達有一個敗因是肯定的，他們在倒閉的十六年前就碰到了轉捩點。換句話說，我們要回頭看赫贊加在一九九四年賣掉百視達一事。到頭來，二〇〇四年百視達再次被維亞康姆賣出，市場劇變就發生在跨越千禧年的這十年間。百視達的悲劇，就在於他們屈居於大型媒體企業之下。

在影視出租業發生劇變的時期，維亞康姆只把百視達當作一介子公司。在這種經營戰略之下，百視達改變經營模式的重要性被低估，被收購以後的商業定位也一變再變。簡單說，百視達在這個重要時期，被捲入了「母公司的紛擾」之中。

等到二〇〇四年被賣出後，網飛已占有大量的顧客資訊，支配了整個市場。百視達倒閉的前六年，也只剩下苟延殘喘一途了。

現在回過頭來看，赫贊加在一九九四年賣掉百視達，等於是賣在最有價值的時候。赫贊加是基於敏銳的投資嗅覺，才做出這項決定的。可是，如果赫贊加保持獨立營運，挾市場優勢進入下一個新世紀……當然，思考歷史的「可能性」是沒意義的，但我們還是很想見識一下，赫贊加率領的百視達會如何對抗網飛。

我們
該學到的
教訓

這個例子告訴我們，不管在任何業界，規則改變的「關鍵時刻」一定會到來。在關鍵時刻做出正確的決定，不受過往的教條限制，這比什麼都重要。

一旦錯過關鍵時刻，再成功的企業也很難順應新規則再次支配市場。尤其百視達的例子告訴我們，獲得的「資訊量多寡」也是勝敗的一大因素，落後的企業沒辦法後來居上。

最諷刺的是，唯一看出變化的竟是賣掉百視達的赫贊加。能像他一樣在正確的時機看出未來的變化，這才是最有價值的決策能力。

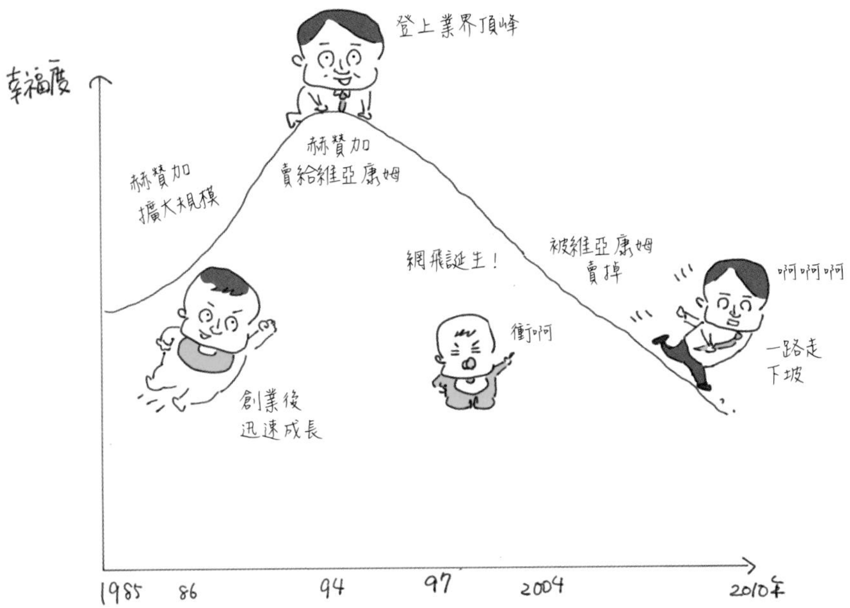

百視達倒閉的三大教訓

01

要認清業界規則改變的關鍵時刻。

02

市場評價是察覺業界規則改變的其中一項指標。

03

沒有把握變革的時機，再好的企業也會受到致命的重創。

企業名稱	百視達
創業年份	一九八五年
倒閉年份	二〇一〇年
倒閉型態	適用《美國法典》第十一章（重整型處理手續）
業種與主要業務	家庭娛樂產業
負債總額	約十億美元
總公司所在地區	美國科羅拉多州恩格爾伍德

參考文獻：

'Disruptive Innovation: Blockbuster becomes a casualty of big bang disruption',by Larry Downes and Paul Nunes, *Harvard Business Review* 2013 Nov 7

Movie rental Business: Blockbuster, Netflix and Redbox, by Sunil Chopra Kellogg, School of Management

過於樂觀而倒閉

戰略上有問題

「受制於過去」的類型

過去的成功體驗太過強烈，企業無法下決心改變經營模式

柯達

那是一家
怎樣的企業？

沒有市場就創造市場的創新企業

喬治・伊士曼在一八八一年創辦柯達，出身貧寒的喬治十四歲就到保險公司上班，後來到銀行任職支撐家計。二十四歲那一年喬治遇到了轉機，對攝影感興趣的喬治擁有濕版攝影的大型器材，但他很快發現濕版攝影太不方便，隨時都能拍照的乾版攝影才有前途。

於是他在工作之餘，利用閒暇時間開發乾版攝影技術，在三年後的一八八〇年完成了乾版和乾版生產技術。拿到專利的喬治辭去銀行工作，於一八八四年成立伊士曼乾版公司，一家擁有扎實技術基礎的新創企業就此誕生。

順帶一提，柯達是創業以後才改的名字，這個字眼本身沒有什麼特殊涵義。根據喬治本人的說法，他覺得K這個字母剛勁有力，所以從K開頭和K結尾的字母組合中，創造出了「KODAK」這個單字。一八八八年，掛著柯達名義的相機發售了，一八九二年公司改名為伊士曼・柯達。

喬治認為攝影應該推廣到一般家庭，不該由專業人士獨享。他想簡化麻煩的攝影程序，創造出跟鉛筆一樣簡單好用的相機。因此，他率先察覺底片的商機，發展出玻璃乾版的製造方法。柯達是全球最先販賣膠卷和彩色底片（一九三五年）的企業。

那時候，世上還沒有底片這種東西，柯達耗費很大的心力去推廣底片。換句話說，關鍵是提升底片的知名度，讓更多人實際使用這項技術。

為此，柯達不只花錢投資技術，各種業務推廣和市場活動也是不可或缺的。所以，柯達下重本進行宣傳，努力強化自家企業和底片販賣店的關係。尤其柯達的文宣「你按下快門就好，剩下的交給我們」帶給市場相當大的衝擊，就連不懂何謂底片相機的消費者，也都知道他們家的產品。

另外，柯達在價格層面上採用「剃刀與刀片戰略」，也就是像販賣刮鬍刀一樣，刮鬍刀本體賣得比較便宜，主要靠替換的刀片來賺錢。柯達便宜賣出相機，再來靠底片賺大錢。

這些策略，其實就是行銷教科書寫的「4P」基礎觀念。所謂的4P觀念，意思是要整合Product（產品）、Price（定價）、Place（地點）、Promotion（促銷）這四大要素，商品才能賣得好。柯達當時的販賣戰略，就結果來說的確掌握了這四大基礎。

柯達認清時代趨勢，執行了正確的經營戰略，不僅成功開拓底片市場，公司業務也蒸蒸日上。一九六二年，柯達的營業額高達十億美元，他們不只拓展一般消費市場，也開拓了醫療用顯影和攝影藝術市場。這些產品都是用銀鹽攝影技術，逐步改良而成的。

一九七六年，柯達在美國的底片市場有九成的市占率，相機市場則有八成五的市占率，穩居業界第一的寶座。柯達擁有強大的技術和迅速開拓市場的決心，根本找不到其他有力的競爭對手。到了一九八一年，柯達創業一百年後，營業額終於達到一百億美元。

這一百年來柯達開拓底片市場，市場和企業本身都在穩定成長，但一九八〇年代市場有了重大的變化，那就是數位化潮流。

何以淪落到
倒閉的下場？

率先發展數位化，但拘泥舊有的商業模式而失敗

一九八一年柯達創下百億營收的紀錄時，索尼發布了「Mavica」電子磁卡相機，可以在電視上輸出拍下來的畫面，不需使用底片。這個商品推出後，市場開始關心數位化發展。

話雖如此，柯達並不是沒有趕上數位化的技術發展。事實上，柯達比索尼更早推出世界第一部數位相機的試作品，而且是在一九七五年的時候。卡西歐推出普及版數位相機「QV-10」，是一九九五年的事情。換句話說，柯達早在二十年前就察覺數位化的趨勢，開始進行開發投資了。

不過，柯達還推出一種叫「Photo CD」的數位影像保存商品。柯達透過長年來的經驗了解一個道理，照片業不能光靠「拍攝」賺錢，拍攝後的「顯影」和「印刷」也有利可圖。就算未來是數位化時代，若不掌握這一整套的商業模式，無法確保以往的高獲利。因此，柯達的技術開發不只限於攝影。

偏偏就是這項決定，讓柯達走向悲劇的命運。到了一九九〇年代後期，有許多廠商投入數位相機市場，柯達的競爭優勢不再。影像資料的記錄媒體自有一套演進，Photo CD 沒有在市場普及。原有的底片事業也遭到富士底片削價競爭，無法保有殘餘的利益。喪失營收能力的柯達，在數位化相機普及的環境下走投無路。

二〇一二年，柯達申請破產保護法，終於走到倒閉的下場。這個擁有一百三十年歷史的跨國企業，曾經創造市場需求，不料卻輕易地倒閉了。

到底哪裡做錯了？

無法改變既有的成功模式

誠如前述，柯達自創業以來利用「剃刀與刀片戰略」獲得巨大成功。他們採用一條龍的方式生產，上游產品和下游底片，透過降低消費門檻的方式，提升企業整體的利益。

然而，在數位化的浪潮中，這種「一條龍」模式受到分斷與破壞。軟體和硬體被分開來各自競爭，這在商業上有一個專有名詞叫「分拆化」。

某項商機一旦被分拆化，使用一條龍系統的企業會迅速失去競爭力。統合與協調的強項會直接失去效能，變成企業的一大負擔。柯達太執著用「統合式」的經營策略，就好比徒手阻擋河川流勢一樣，自然的趨勢是無法違背的。最終，柯達無法力挽狂瀾，在分拆化的進程中慢慢瓦解。

當然，柯達或許有思慮不夠周嚴的地方，但我們不該用馬後砲的方式嘲笑柯達。畢竟該公司有大量優秀的人才，那些人才也進行過商業分析。柯達率先開發數位化商品，代表他們有料到數位化潮流，並且審慎看待這個威脅。

不過，柯達內部有一群被稱為「保守派」的既得利益者。他們是堅持銀鹽攝影品質的技術人員，還有沖洗照片的店家，很多人都是靠著舊有的經營模式得利。所以，當技術上的轉捩點到來時，經營者會陷入兩難的局面。而這種兩難的局面，會產生出「樂觀的預期」。經營者會希望局勢按照自己的預期發展，發展成對自家企業有利的狀況。然而，這種期望會破壞冷靜的分析。

柯達的高層應該像喬治・伊士曼那樣，站在全新的基礎上思考經營策略。但實際上遇到這種兩難的局面，若不抑止「樂觀的預期」，企業是沒辦法進步的，說不定柯達就是敗在面對變化的態度上。

我們該學到的教訓

柯達的案例不只能當成經營課題來思考，從個人職涯的角度來看，也同樣能獲得不少的啟發。

比方說，有些人的工作過去很成功，短期內收入不成問題，他們也仗著過去的豐厚收入養家活口。可是，長期下來一定會碰到技術革新，舊有的工作機會很可能消失。換成這樣的例子，各位就能切身體會到柯達的決策有多困難。做得好好的工作沒人想改變，況且過去又付出了極大的心力，搞不好可以撐過技術革新的陣痛期。這種樂觀的預期，會逐漸麻痺當事人的危機意識。

其實，每個人都看過類似的失敗案例，但大家都覺得那不會發生在自己身上，柯達的經營階層或許也有這樣的心態。如何在嚴峻的狀況下，持續戰勝這種不斷浮現的樂觀預期，這並沒有一個萬人通用的解答。只不過，了解前人遭遇的兩難局面，能夠讓我們客觀思考解決之道。

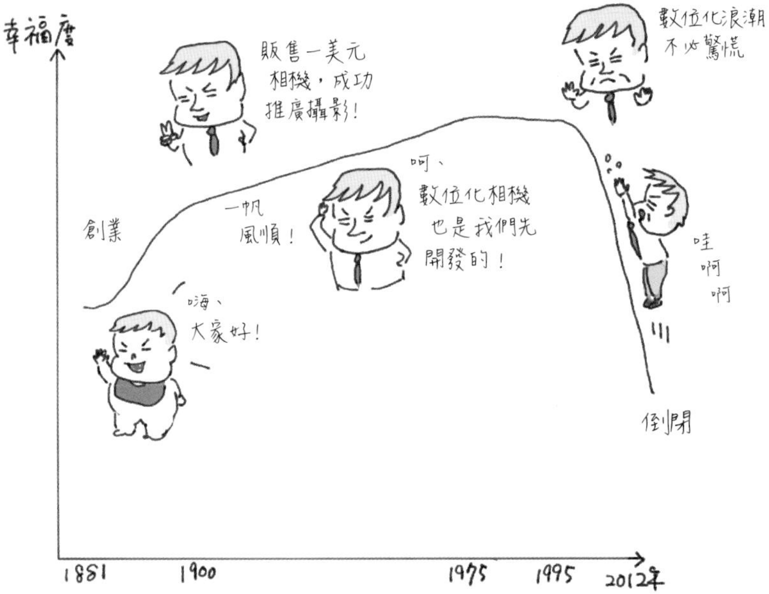

幸福度
販售一美元相機，成功推廣攝影！
數位化浪潮不必驚慌
創業
一帆風順！
呵、數位化相機也是我們先開發的！
嗨、大家好！
哇啊啊
倒閉
1881
1900
1975
1995
2012年

柯達倒閉的三大教訓

01

數位化打破了一條龍的商業模式。

02

在數位化的進程中，堅持「統合」的營運模式會加速落敗。

03

決策要合乎邏輯，不要依賴毫無根據的「樂觀預期」。

企業名稱	柯達
創業年份	一八八一年
倒閉年份	二〇一二年
倒閉型態	適用《美國法典》第十一章（重整型處理手續）
業種與主要業務	製造業、資訊通訊機具製造業
負債總額	約六十七億五千萬美元
倒閉時的營業額	二十七億一千九百萬美元 （二〇一二年十二月決算資料）
倒閉時的員工數	一萬三千人（二〇一二年十二月決算資料）
總公司所在地區	美國紐約州羅徹斯特

參考文獻：
『競争優位の終焉』 リタ・マグレイス 日本経済新聞出版社
『最強の「イノベーション理論」集中講義』 安部徹也 日本実業出版社
『コダックとデジタル革命』 by GIOVANI GAVETTI /REBECCA HENDERSON/ SIMONA GIORGI Harvard Business School
「ジョージ・イーストマン ポータブルカメラで世界を変えた発明者」 ダイヤモンド・オンライン 2008 年 9 月 25 日

拓展新事業的方式有誤而倒閉

戰略上有問題

「受制於過去」的類型

過去的成功體驗太過強烈，企業無法下決心改變經營模式

玩具反斗城

那是一家
怎樣的企業？

創造出「玩具超市」的全新概念

玩具反斗城是查爾斯　拉扎勒斯在一九五七年創辦的，拉扎勒斯繼承了父親的兒童家具零售商店。他認為玩具的商機比家具更有魅力，因此效法當時風行全美的低價量販店手法，開設玩具的低價量販店，這就是玩具反斗城的起點。

後來，玩具反斗城的店鋪拓展相當順利，拉扎勒斯在一九六六年以七百五十萬美元的價格賣給州際百貨。結果一九七四年州際百貨倒閉，拉扎勒斯又把玩具反斗城買回來，當成一家獨立企業來經營。接下來，玩具反斗城的版圖拓展可謂勢如破竹。

消費者可以在店內推著手推車到處逛，這種「玩具超市」的全新概念帶給消費者很大的震撼。由於玩具反斗城效法超市的概念，所以店內的商品種類非常豐富。再者，玩具反斗城直接繞過批發商向製造商取貨，再利用大量的店鋪優勢買入玩具，破壞了玩具原有的價格。玩具反斗城透過這些價值提供手法，在一九八八年搶下全美兩成的市占率，一躍成為全球最大的玩具超市。

在那個年代，玩具反斗城是最具代表性的「品類殺手」。玩具反斗城開店的地方，附近的中小型玩具店一定會倒閉，這便是「品類殺手」之稱的由來。過去玩具反斗城就是擁有如此強大的商業力道，獲得消費者絕對的支持。

到了一九九〇年代，玩具反斗城正式往海外發展。他們和藤田田率領的日本麥當勞合作，於一九九一年打入日本市場。以玩具店為主的在地商家發起了抗議運動，這起事件造成極大的衝擊，甚至引發美日在經貿上的摩擦。一家零售商打入日本竟然引起這麼大的關注，主要在於玩具反斗城身為「品類殺手」的破壞力太過強大。

不過在一九九〇年代後半，鴻運當頭的玩具反斗城也開始出現敗象。一九九〇年代前半玩具反斗城的市占率還有百分之二十五，一九九八年卻只剩下百分之十七，帳面上還有一億三千兩百萬美元的淨損。

玩具反斗城衰退的原因，與電子商務盛行有關。

何以淪落到倒閉的下場？

打入電子商務的方式澈底失敗

最先打入玩具網購市場的是加州新創企業 eToys。eToys 的網頁比玩具反斗城好用，商品種類也更為齊全，某些商品的種類甚至是玩具反斗城的十倍。

直到一九九八年六月，玩具反斗城才推出網購服務。而且，他們的網路業務體制顯然準備得不夠充分，重要的聖誕節商機竟然發生貨運延宕的狀況，消費者還鬧上法庭，嚴重破壞品牌形象。玩具反斗城就是從那時候起，開始荒腔走板。

一九九九年一月，玩具反斗城設立子公司 toysrus.com，專門經營網路販售業務。玩具反斗城跟創投公司調度資金，進行了八千萬美元的投資。然而，投入了這麼大量的資本，玩具反斗城還是只重視實體店鋪，不給子公司決定價格的權限。

本來子公司應該脫離玩具反斗城，發揮出對抗其他電子商務競爭者的機能。可惜母公司施加的限制太多，子公司完全沒辦法大展拳腳。子公司第一任執行長上任沒多久，便看不慣玩具反斗城的做法掛冠而去。

另一方面，玩具反斗城在二〇〇〇年，和亞馬遜簽下長達十年的合作契約，希望挽回在電子商務上的劣勢。消費者只要點擊玩具反斗城的網頁，就會連到亞馬遜的專用頁面。亞馬遜承包玩具反斗城的電子商務，每年收受五千萬美元和販賣手續費，條件是不得販賣其他廠商的玩具。

玩具反斗城簽下契約後確保了網路部門的營收，但收益本身並沒有出現盈餘。而且，亞馬遜還輕易背棄了這份契約。為了對抗 eBay，亞馬遜需要比玩具反斗城更豐富多樣的商品。亞馬遜支付了大約五千萬美元的違約金，解除雙方的合作關係，強化進貨管道。

玩具反斗城原以為和亞馬遜簽約，在電子商務上就能獲得穩定的利益。可是反過來看，寶貴的客戶資訊和客戶行為分析資料，都被亞馬遜拿走了。而玩具反斗城逐漸依賴的網購事業，全都得重新開始。

不但如此，實體店鋪也出現了強力的競爭者，也就是沃爾瑪。沃爾瑪專門提供多樣化的低價商品，並以打破成本的超低價格販賣玩具，讓玩具成為吸引人潮的主要商品。玩具反斗城擅長的「價格戰」也被打到一蹶不振。

網路和實體店鋪受到連番重創，玩具反斗城終於在二〇〇五年，以六十六億美元的價格賣給KKR、貝恩資本、沃那多房產這三家企業，用的還是LBO（槓桿收購）方式。這是用玩具反斗城的現金流量和資產作為擔保，再借入資金收購的手法。

不過，到頭來這次收購毀掉了玩具反斗城重振的機會。由於收購時公司多了五十億美元的債務，因此事業投資缺乏資金，上述三家股東也無法同心同德，本來預計二〇一〇年股票上市的目標也告吹了。等償債期限到來，玩具反斗城的命運也宣告終結。二〇一七年九月，玩具反斗城申請破產保護法，成為美國零售業負債規模第三大的倒閉企業。

到底
哪裡做錯了？

在遊戲規則改變之初應對錯誤，之後又做了錯誤決策

某些舊有事業的勝利者，因為跟不上新的競爭規則而落敗，玩具反斗城的歷史就是最典型的例子。玩具反斗城的轉捩點在一九九〇年代後半，前後兩次加入

電子商務市場都用了錯誤的策略。

第一個錯誤，看到電子商務興起仍沒有發現遊戲規則改變，持續以舊有的規則，做出自以為正確的決定。第二個錯誤，在認清遊戲規則改變以後，竟然把應付市場的方法交給其他人處理。這兩大錯誤在規則改變的情況下，形同「環環相扣的陷阱」。這種失敗模式可謂屢見不鮮，很多企業在一開始錯失先機，為了一舉扳回劣勢，衝動下做出了荒唐的決定，澈底斷送自己的前程。

從這個角度來看，初期應對的好壞非常關鍵。事後分析起來，玩具反斗城應該在一九九〇年代後半，暫時放棄實體店鋪的龐大收益，搶先在還沒有獲利的網購事業上對抗 eToys 等其他競爭對手。

可是，真的站在決策的立場上，我們又能果斷做出決定嗎？我想大多數人也不敢肯定。對經營者來說，玩具反斗城面對的就是這麼沉重的問題。

我們
該學到的
教訓

玩具反斗城的例子告訴我們，當我們在審視商機的時候，用的往往是不客觀的濾鏡。我們會在無意間，拿過去分析事業的濾鏡來看待新事物。在遊戲規則尚未改變的情況下，這種濾鏡可以幫助我們，分析自己能否在競爭中獲勝，達成公司的KPI（重要績效指標）或各項目標。而且用得好的話，還可以精確分析更詳盡的要點。

然而，再好的濾鏡也不可能用在變化的環境上。想要看其他的環境，就得掌握其他不一樣的濾鏡。要察覺遊戲規則的變化，我們得先放下自己熟悉的濾鏡，用全新的濾鏡來看待這個世界。當然一開始不習慣，分析上難免有偏頗，但用久了準確率自然會提升。

當然，濾鏡只是一個比喻，重點在於「如何善用你的頭腦」。

比方說，我們應該回顧過去一周的活動，先放下例行性的業務，從更高的視野分析自己的事業。例如，思考未來趨勢、了解其他行業、從過去的例子來分析事業等等。各位有花多少時間做這件事？

很多時候，我們忙著回覆訊息或提交報告，不太可能用宏觀的視野來看事情。不過，平日不養成這種習慣，永遠也得不到精確的分析濾鏡。等到危機逼近的時候，就無法擺脫舊有的規則做出正確的決定。

在這個環境變化極快的時代，我們是否擁有精確的新濾鏡？這個反思才是玩具反斗城要傳達給我們的訊息。

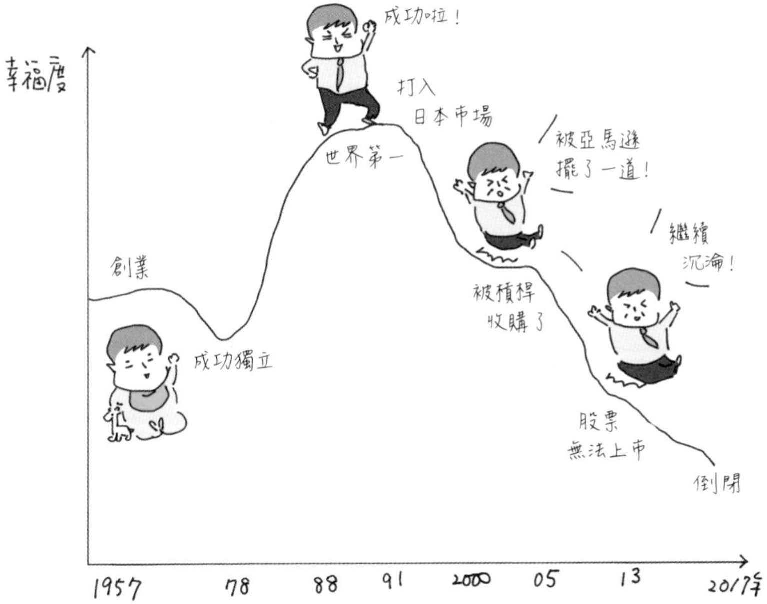
幸福度
成功啦！
打入
日本市場
世界第一
被亞馬遜
擺了一道！
繼續
沉淪！
創業
被槓桿
收購了
成功獨立
股票
無法上市
倒閉
1957
78
88
91
2000
05
13
2017年

玩具反斗城倒閉的三大教訓

01

業界規則改變以後，不要太執著過去的正確行動。

02

明明規則已經改變，卻不敢採取全新的應對方式，只會蒙受更大的損失。

03

學習從不同的時空和角度來看事情，才會有靈活的眼界和思維。

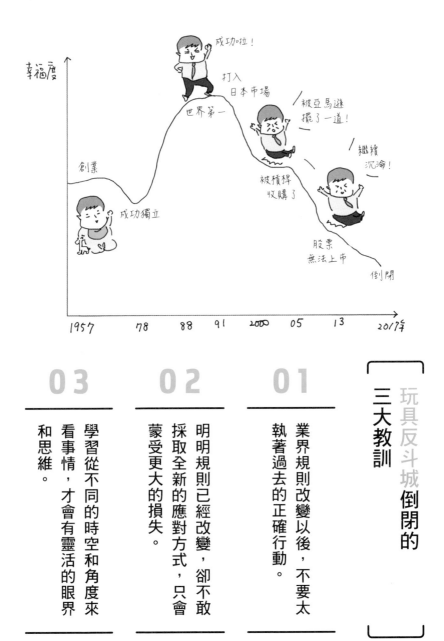

企業名稱	玩具反斗城
創業年份	一九五七年
倒閉年份	二〇一七年
倒閉型態	適用《美國法典》第十一章（重整型處理手續）
業種與主要業務	零售業
負債總額	約五十二億美元
倒閉時的營業額	一百一十五億美元
倒閉時的員工數	三萬三千人
總公司所在地區	美國紐澤西州韋恩

參考文獻：
TOYS"R"US: What went wrong, by Arpita Agnihotri and Saurabh Bhattacharya, IVEY Publishing
TOYS"R"US Japan, by Debora Spar, Harvard Business School

「受制於過去」的類型

過去的成功體驗太過強烈，企業無法下決心改變經營模式

對自家技術太有信心而倒閉

戰略上有問題

「受制於過去」的類型

過去的成功體驗太過強烈，企業無法下決心改變經營模式

西屋電氣

那是一家
怎樣的企業？

創造新技術而在美國歷史上留名的複合企業

一八八六年，發明家喬治・威斯汀豪斯創立了西屋公司。西屋公司創立之初，雇用了尼可拉・特斯拉擔任顧問，開發交流電系統，對抗愛迪生的奇異公司開發的直流電系統。特斯拉與愛迪生的「電流之戰」，最後是西屋獲得勝利。西屋還開發交流發電機，奠定了美國現代的電力系統。

西屋活用其技術實力，於一九二一年量產全球第一台家用收音機，一九三三年在紐約的洛克菲勒中心安裝全球最快的電梯，一九五七年啟用了美國第一座商用核電廠（使用ＰＷＲ壓水反應器）。西屋公司帶動了許多技術革新，業務遍及電力系統、家電產品、國防軍事、金融服務。一九八一年，西屋收購全美最大有線電視集團 Teleprompter，採取多角化經營策略，成為美國最具代表性的複合式企業。

不過到了一九九〇年代，西屋面臨了極大的困境。本業經營慘澹不說，新投入的不動產金融業也宣告失敗，光是一九九一年就有十一億美元的赤字。相對地，奇異公司在一九八一年由傑克・威爾許出任執行長後，有了飛躍性的成長，西屋的改革腳步差人家一大截。

於是，一九九三年西屋從麥肯錫聘請百事可樂前財務長麥克・喬登擔任執行長，進行大刀闊斧的改革。新的執行長做出很大膽的決策，將未來賭在極具潛力的媒體上，正式放棄製造業版圖。一九九五年，西屋花五十四億美元收購美國最具代表性的哥倫比亞廣播公司。一九九七年更將既有的製造部門，設立為另一家公司「西屋電氣（WELCO）」，分拆雙方的資本聯繫。收購哥倫比亞廣播公司的本體，則專心經營媒體事業，改名為CBS重新出發。擁有百年以上歷史的西屋公司，到了一九九〇年代徹底改變企業骨幹。

後來在歷史上掀起波瀾的，是被視為「沒有未來可言」的西屋電氣。

西屋電氣的每一個事業都被分拆出售，重電機等傳統商業部門都被賣掉。一九九八年發電系統部門被賣給西門子，核能發電部門則以十一億美元的價格，賣給英國核燃料有限公司（BNFL），只保留「西屋電氣」的名稱。

可是，英國核燃料有限公司深陷醜聞風暴，收購西屋電氣只是想扭轉乾坤，結果這次豪賭也失敗了。二〇〇一年，美國遭受恐怖攻擊，核能發電的營運成本大幅提高，輿論對核能發電也持反對態度，二〇〇五年西屋電氣又被英國核燃料有限公司拋售。創業至今已有百年歷史的西屋，命運猶如風中殘燭。

何以淪落到倒閉的下場？

東日本大地震震毀了起死回生的美夢

然而，在這樣的情況下，東芝還是想得到擁有ＰＷＲ（壓水反應器）技術的西屋電氣。因為核能是東芝的核心事業，偏偏東芝只擁有ＢＷＲ（沸水反應器）的技術。ＰＷＲ比較能應付嚴重的意外事故，穩定度也廣受好評，當時在全球擁有七成市占率。

此外，二〇〇六年經濟產業省發布了「核能立國計畫」，世界各國開始重視降低排碳量的重要性。因此，國家推行「日式一條龍」的政策，由日本企業一手包辦鈾料進口、加工、建設電廠、營運等環節。

東芝希望趕上這一波「核電復興」的浪潮，最後砸了六千六百億日圓收購西屋電氣。

處於瀕死狀態的西屋電氣得到東芝的贊助後，決定開發一款名為AP1000的新型壓水反應器，向美國推銷這套新技術。西屋是把整間公司的命運，都賭在這一款反應器上了。

不料，二〇一一年發生了福島核災事故，全球的核電廠建設計畫幾近停擺，美國也大幅提升核電的安全標準，一座AP1000的建設成本從兩千億日圓飆升到一兆日圓。把美國視為主要市場的西屋，在此遇到了難以突破的瓶頸。本來預計二〇一五年以前在全球賣出三十九座反應器，如今這個充滿野心的目標也不可能實現了。

陷入絕境的西屋還遭遇了新的磨難，AP1000的設施是跟CB&I石韋公司（簡稱S&W）共同建造的，但雙方對於誰該負擔增加的成本互有歧見。

兩家公司持續對簿公堂，AP1000的開發毫無進展，西屋電氣的赤字也不斷增加，堪稱是屋漏偏逢連夜雨的狀況。可是，被逼急的西屋電氣竟然花兩億三千萬美元，買下對簿公堂的石韋公司。開發計畫本身已經延宕三年，買下石韋公司也不可能有快速的進展，安全標準提升所造成的成本追加也不會減少。這一次強硬的收購措施，只是要隱匿西屋電氣的財務狀況罷了。

然而，用這種方式爭取時間也是有極限的。AP1000 開發無望，西屋電氣終於在二〇一七年三月申請破產保護。

到底
哪裡做錯了？

過於信賴自家技術，不把其他公司放在眼裡

西屋電氣失敗的原因在於，核電是一門容易受到環境變化影響的生意，所以也沒辦法一概而論。如果沒有發生東日本大地震，福島也沒有發生核災事故，說不定西屋電氣會有截然不同的命運。像核電這一類的能源產業，一旦碰到重大事故有可能改變業界的規則，經常要面對極大的風險。從這個角度來看，西屋電氣倒閉的原因，主要是東日本大地震這個罕見的嚴重災害來得不湊巧。

不過，沒有自然災害也不表示西屋電氣會一帆風順。他們過於信賴自家的技術，輕忽經營上的危險因子，這兩種態度在能源產業是很致命的管理缺失。能源產業要面對天災的不確定性，因此更應該考量風險，時刻檢討自家技術的極限。

遺憾的是，西屋電氣的經營者沒有做到這一點。他們對自家的PWR技術太有信心，完全不肯接受其他人的意見，這種剛愎自用的態度還被戲稱為「匹茲堡門羅主義」。（譯注：門羅主義意為美國脫離歐洲支配保持獨立性，匹茲堡則是西屋的據點，兩者合起來就是在暗喻西屋剛愎自用）東芝收購西屋電氣以後，西屋電氣對母公司也是同樣的態度。尤其東芝沒有PWR的技術基礎，也缺乏在美國販賣反應器的經驗，而西屋是美國第一個推動商用核電的公司，這種高傲的自尊心也讓他們看不起東芝。

證據就是二〇一四年，西屋電氣和中國企業聯手取得土耳其核電興建的優先協議權。與中國企業合作必須謹慎考量，否則恐怕有技術轉移到中國企業的風險，但西屋電氣在做此決定之前，完全沒有知會母公司東芝，擅自搶下了標案。經產省向東芝確認這起事件的原委，東芝卻一問三不知。當然，這是東芝的經營管理過於鬆散，但我們從這一則故事中，也看得出西屋獨善其身的高傲態度。

地震災情確實對西屋電氣倒閉有很大的影響，但在高風險的能源產業中競爭，就算沒有自然災害發生，也不該過度信賴自家的技術，仗著過去的輝煌剛愎自用，這樣是不可能重整公司的。

我們
該學到的
教訓

讓我們用抽象的方式來形容這家企業的歷史。西屋是重視技術的老字號企業，可惜他們太著重技術實力，無法跟上環境的變化。

這種故事其實也能套用在個人上，有些人過去工作技能廣受好評，但後來不思進取，自尊心反而越來越高，甚至發展到剛愎自用、自欺欺人的地步，最後毀掉了自己的事業。相信各位身邊都有類似的案例才對。

這個知名企業的倒閉案例，可以讓我們警惕自己，避免落入同樣的陷阱。

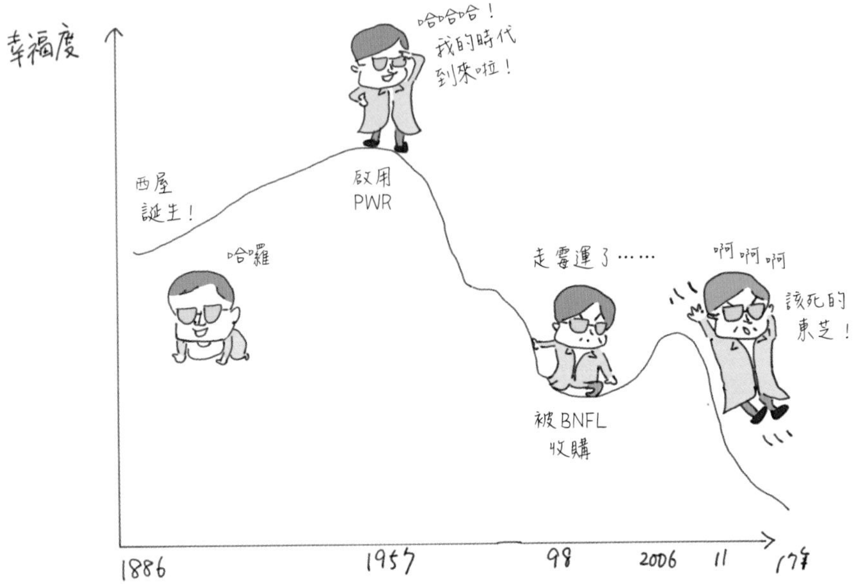
幸福度
哈哈哈！
我的時代
到來啦！
西屋
誕生！
啟用
PWR
哈囉
走霉運了……
啊啊啊
該死的
東芝！
被BNFL
收購
1886
1957
98
2006
11

西屋電氣倒閉的三大教訓

01

對自己的技術太有信心，遇到意外狀況難以即時反應。

02

凡事不可能面面俱到，要了解自家技術的極限。

03

了解自家技術的極限後，如何與「其他人」合作更是關鍵。

企業名稱	西屋電氣
創業年份	一八八六年
倒閉年份	二〇一七年
倒閉型態	適用《美國法典》第十一章（重整型處理手續）
業種與主要業務	製造業
負債總額	九十八億一千一百萬美元
營業額	約五千億美元（二〇一五年）
倒閉時的員工數	約一萬兩千人
總公司所在地區	美國賓州巴特勒縣蔓越莓鄉

參考文獻：
『東芝 原子力敗戦』 大西康之 文春 e-book
『東芝大裏面史』 FACTA 編集部 文藝春秋
『テヘランからきた男』児玉博 小学館
The Failure of Westinghouse, by Micheal H. Moffett, William E. Youngdahl Thunderbird, School of Gloval Management

Encyclopedia of Global Bankruptcy Company No. 009

事業步伐太快
而倒閉

戰略上有問題

「戰略方針不佳」的類型

企業依賴脆弱的戰略方針，稍遇風險便一蹶不振

鈴木商店

那是一家
怎樣的企業？

一家在地小公司發展成足以抗衡三井、三菱的大企業

鈴木商店本來是進口海外砂糖的「洋糖進口商」，一八七四年創立於神戶地區。跟當時國內的「和糖」比較起來，進口「洋糖」的品質較好，價格也更低廉。雖然在產品層面上洋糖有其優越性，但從事進口生意並不容易。首先要跟商業習慣不同的外國人做生意，用來交易的白銀價格若有變動，對損益也有很大的影響，因此進口是風險極高的生意。

鈴木岩治郎率領鈴木商店，勇敢投入高風險的進口業，事業也獲得了巨大的成功。一八六七年神戶開港後，鈴木商店算是抓準這一波商機的代表性新興企業。

可是，岩治郎在一八九四年猝逝，鈴木商店也陷入了危機。那家本為岩治郎個人的商行，店主一死隨時可能垮台。

好在他的妻子阿米接下店主一職，揭開了鈴木商店的第二段歷史。阿米的經

營才能逐漸嶄露頭角，還啟用了金子直吉出任掌櫃。到頭來，這個人事命令讓鈴木商店大幅成長。

金子不斷在失敗中學習，更利用日本殖民台灣的機會，取得台灣樟腦油的販售權而擴大商機。當時開發台灣乃日本國策，他抓住這一波大商機，結識有力的政治家、官僚、銀行，以多角化的經營方式，交易國家工業化所需的重要物資，例如樟腦、薄荷、糖、鋼鐵等等。之後，鈴木商店涉足海運事業，在海外開設分店，開始進行三方貿易。鈴木商店逐漸成為日本舉足輕重的複合企業，不再只是神戶的小貿易商。

這段期間爆發了第一次世界大戰（一九一四年），金子得到海外派遣人員提供的訊息，做出買下所有商船的重大決定。對於沒有情報網的競爭對手來說，鈴木商店的作為跟瘋了沒有兩樣，但這個決策趕上了戰爭商機，所有物資的價格全部暴漲。一九一七年，鈴木商店一年營收高達十五億日圓，超過了營收十一億元的三井物產。鈴木商店還趁這個時機，發布「三分天下宣誓書」，表明要超越三井和三菱，或者至少要跟他們平分天下。

第一次世界大戰結束後，又受到關東大地震的影響

鈴木商店用這樣的方式急速成長，卻也給人「壟斷物資」的壞印象。戰爭景氣造就了許多的暴發戶，就結果來說社會貧富差距擴大，民眾也積怨已深。正巧米價又大漲，人民的怒火便發洩在鈴木商店這家「國際大企業」身上，於是爆發了「鈴木商店燒毀事件」（一九一八年）。

同年第一次世界大戰結束，鈴木商店也受到不小的影響，工業製品和船舶運費暴跌。隨著戰爭結束，一九二二年五大戰勝國簽屬華盛頓海軍條約，終止軍艦建造，這也對鈴木商店造成重大的打擊。鈴木商店旗下的神戶製鋼廠、播磨造船廠、鳥羽造船廠的船隻半成品，全都化為無用的庫存，核心事業也一舉陷入困境。鈴木商店受到嚴重的打擊，金子本人日後甚至表示，鈴木商店倒閉跟華盛頓海軍條約脫不了關係。

隔年一九二三年，鈴木商店又受到關東大地震的影響。不消說，日本經濟大

亂，處於困境中的鈴木商店早已沒有餘力因應。鈴木商店只能跟台灣銀行調度資金，當台灣銀行宣告終止融資以後，鈴木商店的事業就再也維持不下去了。

一九二七年，曾經與三井、三菱分庭抗禮的鈴木商店，終於走到終止營運和清算資產的地步了。

順帶一提，鈴木商店破產以後，旗下的企業各自走上不同的道路，有些企業加入其他財閥，也有企業自立門戶。現在聽過鈴木商店的人並不多，但雙日、神戶製鋼廠、帝人、朝日啤酒、札幌啤酒、三井住友海上火災保險等知名企業，過去都是鈴木商店旗下的企業，這一點值得我們銘記於心。

到底
哪裡做錯了？

人物、物力、財力失衡的經營方式隱含風險

鈴木商店經歷明治、大正、昭和年間的變化，順應趨勢獲得巨大的商機，卻也不敵趨勢而消失在歷史洪流中。如果鈴木商店有辦法撐過那一次困境，肯定會有很多企業歸附於鈴木財閥的名下。那麼，生存至今的財閥和被淘汰的鈴木商

店，到底有哪些差異呢？

最大的差異在於「事業架構」和「資金調度」這兩大項。鈴木商店的事業核心是不穩定的貿易業，而三井、三菱、住友的事業核心是收益穩定的礦業。再者，鈴木商店和其他財閥不一樣，集團內沒有自家的銀行，因此過於依賴台灣銀行提供的外部資金，形成一種不安定的資金供給狀態。

在當時，以「轉為股份有限公司」的方式調度外部資金，已經是相當普遍的做法，但鈴木商店不願外人參與經營決策，堅持「金子一人獨大的無限公司」體制。換句話說，這間接導致了資金調度過於依賴台灣銀行的危險狀態。

不過，金子骨子裡畢竟是個商人，也擁有開創商機的天賦，他最不缺的就是拓展事業的熱忱。他不在乎資金多寡，只顧著追逐更大的商機。在外人看來，他是一個持續在玩新事業的創新經營者，但實際上資金總是處於勉強周轉的狀態。

接連碰到戰後影響和關東大地震，鈴木商店也確實是時運不濟，但這些事件只是由盛轉衰的契機罷了，根本問題在於資金調度和事業架構。不改變這兩大因子的架構，鈴木商店終有一天還是會走向同樣的命運。

我們該學到的教訓

鈴木商店的案例，讓我們了解到基礎的經營理論有多重要。「人力、物力、財力」的分析識別能力，在經營中是很重要的一環。鈴木商店的經營者在「物力」（商機）方面極有天賦，但事關「人力」管理（過於依賴金子的組織體制）和「財力」調度似乎有欠平衡。尤其在「財力」調度方面，鈴木商店太執著向銀行貸款，不肯以賣股的方式調度資金，彷彿也在告訴我們，這就是鈴木商店加速衰敗的原因。

今時今日，「資金調度」的手法有各種新開發的金融體系可用，另外還有加密貨幣（Cryptocurrency）和群眾募資（Crowdfunding），手法可謂日新月異。或許我們應該多方了解相關資訊，思考當下最適當的手段，不要執著於既有的調度方法。

雖說這是一個很典型的案例，但從「保持人力、物力、財力均衡」的角度來看，這個例子還是有很多值得學習的地方。快速成長中的企業，更應該參考這樣的例子引以為戒。

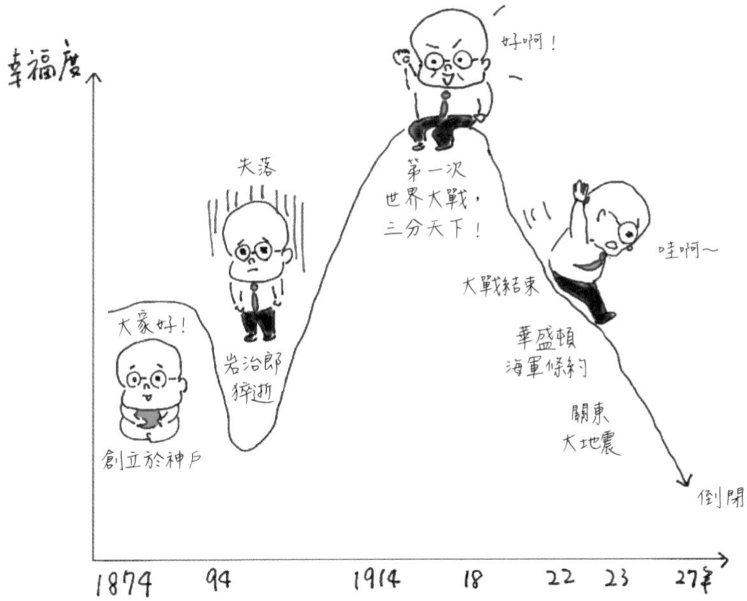

幸福度
大家好！
創立於神戶
失落
岩治郎猝逝
第一次世界大戰，三分天下！
好啊！
大戰結束
哇啊～
華盛頓海軍條約
關東大地震
倒閉
1874
94
1914
18
22
23
27年

鈴木商店倒閉的三大教訓

01

檢討自家的事業中，有沒有穩定創造現金的生意。

02

若事業架構缺乏穩定性，安定的資金調度將成為企業命脈。

03

一人獨大的組織無法永續經營，請確認人才的晉用管道是否暢通。

企業名稱	鈴木商店
創業年份	一八七四年
倒閉年份	一九二七年
倒閉型態	破產（停止營業）
業種與主要業務	批發業、零售業
總公司所在地區	日本神戸市榮町通

參考文獻：
『幻の総合商社 鈴木商店』 桂芳男 現代教養文庫 社会思想社
『お家さん』 玉岡かおる 新潮文庫
鈴木商店の歴史 http://www.suzukishoten-museum.com/footstep/history/

從事非法交易導致破產倒閉

戰略上有問題

「戰略方針不佳」的類型

企業依賴脆弱的戰略方針，稍遇風險便一蹶不振

霸菱銀行

那是一家
怎樣的企業？

工業革命發生後，英國不可或缺的御用銀行

霸菱銀行的歷史要從一七六二年說起。創辦人法蘭西斯・霸菱為德裔移民之子，本來以貿易維生，後來在商人的付款方式中發現新商機。法蘭西斯向其他商人提供「承兌」這種金融手法，獲得了極大的成功。這種有別於一般銀行的業務型態被稱為商人銀行，霸菱銀行算是商人銀行的開山鼻祖。

十八世紀後期，工業革命帶動大英帝國進步繁榮，法蘭西斯也利用趨勢拓展實力。十九世紀初霸菱銀行成為全歐洲第一大金融機構，更擁有國際性的業務規模。一八〇三年，美國向法國收購路易斯安那州時，就是由霸菱銀行提供仲介和金融服務。

除此之外，法國大革命和拿破崙戰爭爆發時所需的「戰爭公債」（調度軍需資金），也是霸菱銀行在暗中操盤。霸菱銀行作為最大的承銷機構，持續周旋於各國之間，發揮不可小覷的影響力。當時的霸菱銀行地位崇高，法國總理甚至表

示，歐洲有六大強國，分別是英國、法國、普魯士、奧地利、俄羅斯，以及霸菱銀行。還有人稱霸菱銀行「英國王室御用銀行」或「女王陛下的銀行」，這代表在十八到十九世紀，霸菱銀行是英國工業發展不可或缺的金融機構，深受國民和王室的信賴。

之後，一八九〇年爆發阿根廷革命（要求政府民主化的叛亂行動），霸菱銀行蒙受巨額的虧損，一度陷入經營危機。不過，霸菱銀行破產可能會毀掉英國的金融重鎮「倫敦金融城」，因此英格蘭銀行和其他競爭對手，一同出手挽救霸菱銀行，使其安然度過危機。接下來，霸菱銀行和美國、俄羅斯、加拿大、中國、日本等國加強合作，業務也有顯著的恢復。

然而，二十世紀對霸菱銀行來說是充滿苦難的世紀。首先，先後兩次世界大戰爆發，英國的國際地位下滑，商人銀行的存在意義也日漸薄弱。

在這樣不利的狀況下，一九八〇年代發生的「金融大改革」又帶來了更深遠的影響。這次改革過後，霸菱銀行的處境又更加艱難了。

何以淪落到倒閉的下場？

金融改革過後失去過往的地位，放任亞洲市場進行非法交易

「金融大改革」是一九八六年柴契爾政權推動的金融改革，當時的倫敦金融城屬於典型的英國階級社會，充滿因循苟且和排他的特性。倫敦金融城號稱全球三大市場之一，但股票交易量只有紐約的十三分之一，東京的五分之一，英國政府對倫敦金融城的空洞化具有高度的危機意識。

為此，金融大改革朝向高度自由化的方向走，逐一廢除過去的舊習。好比：一、推廣交易手續費用的自由化，二、開放交易所的會員資格，三、允許接單的股票經紀人兼任自營商，用自營交易的方式建立部位。金融大改革引來大量的外資金融機構進駐，倫敦金融城也重拾活力。可是，失去舊規保護的本土金融機構，面臨了很大的困境，市場上發生了外來勢力打壓舊有勢力的「溫布頓現象」。受影響最深的，莫過於霸菱銀行。

霸菱銀行試圖在亞洲市場的交易上，找到一條逆境求生的活路。他們找上了

在日本市場大有斬獲的交易員克里斯多福・西斯，延攬他率領的十五人團隊，成立霸菱遠東證券（日後的霸菱證券）。招募十五名成員在當時看來沒什麼大不了，殊不知這個決策已經種下了霸菱銀行破產的因子。

霸菱證券利用日本泡沫經濟的趨勢，賺取了超過霸菱集團一半營收的龐大利潤。有了斐然的業績，霸菱銀行認定亞洲的交易業務大有可為，開始投注在這一塊市場上。不料，卻碰上了日本泡沫經濟崩潰，蒙受巨大的損失。

日本泡沫經濟崩潰重創了霸菱銀行，但真正造成致命打擊的，是一九八九年加入霸菱證券的某位年輕交易員，當年他才二十二歲。

他的名字叫尼克・李森，曾經在雅加達任職，一九九二年被調往新加坡，擔任期貨交易部門的文書業務負責人。不過，李森希望成為第一線的交易員，於是兼任前台交易和後台支援業務。李森處理的交易業務，其實也就是尋找市場上的小價差進行套利，謹慎操作的話風險並不高。

可是，他發現了交易機制的漏洞。起因是某位女性職員在交易時犯了點小錯，精通前台交易和後台業務的李森，發現只要利用錯誤帳戶（把交易員聽錯或投資人說錯的交易項目，暫時擱置的帳戶）處理交易失誤，就可以隱瞞交易上的虧損。

李森利用錯誤帳戶隱瞞損失，同時想出大幅增加利益的方法，一九九三年度替霸菱證券東京分店帶來了八百萬英鎊的利潤。一九九四年，李森還幫霸菱證券奪下SIMEX（新加坡國際金融交易所）的年度最佳交易員獎。隨著個人評價提升，他的手法也越來越過火，甚至在期貨和選擇權建立大部位，用賭博性極高的操作手法，來彌補錯誤帳戶中的巨額虧損。

一九九五年一月十七日，日本發生阪神大地震，李森不法操作的事實才被揭穿。一月二十三日到二十七日，李森表面上在這五天賺到了五百萬英鎊的獲利，但實際上東證股價指數瘋狂暴跌，李森真正的虧損達到四千七百萬英鎊。

如此巨額的損失根本無法隱瞞，公司內部也開始追查消失的資金。李森再也無法圓謊，便於一九九五年二月二十三日，帶著妻子遠走高飛。直到這時候，霸菱銀行才終於掌握了事件的全貌。

李森逃亡四天後，也就是二月二十七日，霸菱銀行最終的虧損高達八・六億英鎊，大幅超越本身四・七億英鎊的淨值，只好宣告破產。超過兩百年以上的歷史，就這麼輕易畫下休止符。

到底
哪裡做錯了？

十年前決定的競爭戰略有問題

一般人提到霸菱銀行倒閉，都認為尼克・李森是罪魁禍首。這個故事還被改編成電影，由男星伊旺・麥奎格主演，許多人對李森的非法交易印象深刻。

可是，經過詳細調查後發現，他引起的事件純粹是「壓垮駱駝的最後一根稻草」。就算沒有李森，霸菱銀行在這樣的環境下也很難生存。

簡單說，就是組織的生存實力和競爭環境落差太大。金融大改革過後，市場轉化為自由競爭主義，像英國紳士一樣保守的企業，根本贏不過善用金融工學的美國投資銀行。就連淨值規模，也只有投資銀行的三分之一到六分之一不等，風險容忍率自然比較小。此外，霸菱銀行也不擅長控管風險。光看到亞洲交易市場好賺，就一頭栽進去，這樣的決策也加快了霸菱銀行破產的命運。

當然，我們也可以從比較狹隘的觀點，來分析這家歷史悠久的企業，如何在倒閉前防範年輕交易員的非法操作。然而，霸菱銀行失敗的本質，在於競爭戰略的市場定義有問題。回到一九八〇年代中期來看，霸菱銀行其實還有其他戰略選項。比方說，他們擅長的收購諮詢業務雖然利潤規模不大，但也是一個可行的選項。或者，在投入交易業務前先深入了解相關風險，澈底強化後台管理的能力。

可是，霸菱銀行在關鍵的時刻，完全依賴成績輝煌的交易員（例如西斯或李森），毫無主見地投入交易市場。講句不好聽話，他們等於在關鍵時刻放棄了戰略決策權。從這個角度來看，李森的非法交易行徑，只是一九八〇年代中期的錯誤決策，過了十年才嘗到惡果而已。

在激烈競爭的環境下，如何選擇戰場幾乎決定了勝敗。霸菱銀行的例子，再一次告訴我們這個重要的道理。

我們
該學到的
教訓

其實，個人職涯也適用同樣的道理。我們在關鍵時刻，必須好好選擇自己的主場。沒有深入思考自身特性，僅憑一知半解的認知或以往的慣例做決策，早晚會吃大虧的。

個人職涯和企業戰略是一樣的，在做出抉擇的時候，你必須考慮自己過去是如何選擇戰場的。

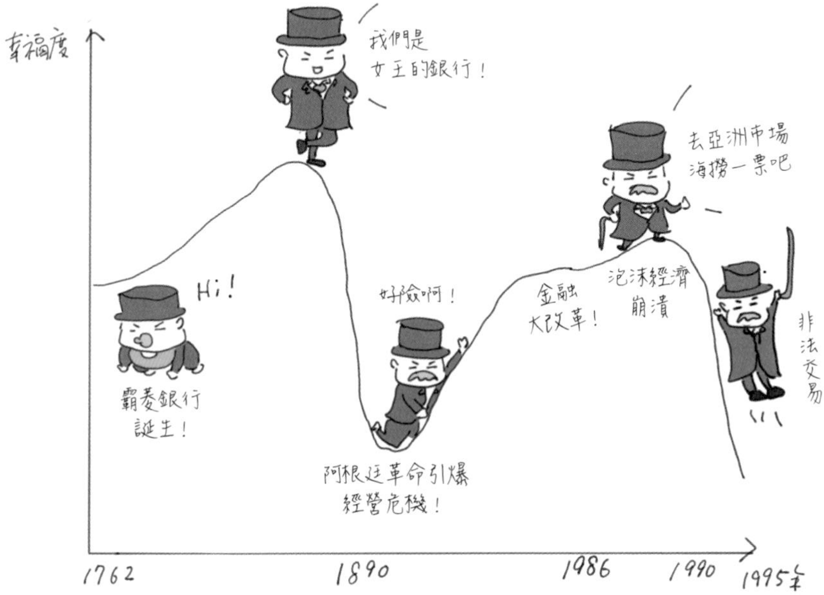
幸福度
我們是
女王的銀行！
去亞洲市場
海撈一票吧
Hi!
霸菱銀行
誕生！
好險啊！
阿根廷革命引爆
經營危機！
金融
大改革！
泡沫經濟
崩潰
非法交易
1762
1890
1986
1990
1995年

霸菱銀行倒閉的三大教訓

01

勝敗的關鍵在於，你如何決定自己的主戰場。

02

在做決定時，千萬不要因為「別人的場子好賺」就一頭栽進去。

03

審慎考慮外在環境變化和自身能力，冷靜選擇你的主場。

企業名稱	霸菱銀行
創業年份	一七六二年
倒閉年份	一九九五年
倒閉型態	破產（停止營業）
業種與主要業務	銀行業
負債總額	八億五千萬英鎊
倒閉時的員工數	一千兩百人
總公司所在地區	英國倫敦

參考文獻：
『ベアリングズ崩壊の真実』 スティーブン・フェイ 時事通信社
『私がベアリングズ銀行をつぶした』 ニック・リーソン 新潮社

陷入「舞弊三角」的困局而倒閉

戰略上有問題

「戰略方針不佳」的類型

企業依賴脆弱的戰略方針，稍遇風險便一蹶不振

安隆公司

那是一家怎樣的企業？

象徵新經濟的自由化代表

安隆的前身是天然氣管線公司 InterNorth，一九八五年 InterNorth 收購競爭對手休士頓天然氣以後，才正式改名為安隆。安隆一舉成為全美擁有最多天然氣管線的公司，但他們一開始只是很普通的天然氣管線公司，專門跟德州附近的中小型天然氣業者購買天然氣，再以自家的管線配送。

不過，安隆執行長肯尼思・萊是個很有野心的人，他利用雷根政府放寬能源政策（開放天然氣跨州配送，推動天然氣價格自由化，允許天然氣配送公司從事零售業），大幅拓展安隆的事業版圖。

一九八九年，安隆正式推動「天然氣銀行」的事業。亦即活用衍生性金融商品，創造出一套系統提供顧客價格穩定的天然氣。天然氣事業本來屬於一種舊經濟市場，由墨守成規的企業所掌控，安隆活用金融工學創造「嶄新的自由市場」，帶給消費者更多好處。當時的美國很喜歡這種「新經濟市場」的美談，安隆儼然是美國推動自由化的象徵，執行長肯尼思・萊也成為當代風雲人物。

那麼，安隆是如何制定「天然氣銀行」的架構呢？首先為了穩固市場，必須找到以一定的價格穩定供應天然氣的廠商。那個年代天然氣的價格低迷，銀行也減少融資額度，許多天然氣業者都經營得十分困難。有鑑於此，安隆事先支付酬勞給那些天然氣業者，獲得在一定期限內以固定價格購買天然氣的權利（萬一天然氣業者倒閉，則天然氣礦場歸安隆所有）。使用這樣的手法，「天然氣銀行」就有足夠的天然氣可用。

可是，這種方法也有一大課題要解決，那就是龐大的預付款所造成的負擔。如果由安隆本體調度資金，信用評等降低後勢必要支付高額利息，間接影響公司財政，財政惡化又會降低信用評等。於是，安隆採用資產負債表外融資的手法，也就是設立SPE（特殊目的個體）調整為高信用評等，獲得利息較低的貸款。

金融工學和契約的組合應用，也成功套用在天然氣以外的事業上。美國開放天然氣自由化以後，又開放了電力和自來水事業，安隆也用同樣的手法打入這兩大市場。尤其電力市場的規模少說是天然氣的四到五倍，電力和天然氣的組合商品交易，將會帶來龐大的利潤。

安隆把這一套天然氣鍊金術，積極應用在其他有潛力的市場上，從原本的普通天然氣管道公司，一躍成為全美最受矚目的成長企業。

何以淪落到倒閉的下場？

骨牌倒塌後再也阻止不了倒閉的命運

安隆用SPE的手法登上成長企業的寶座，但這一套制度也同樣毀了安隆。這個方法本身相當普遍，也沒有違法之虞。但安隆的SPE膨脹到三千五百多個，了解當中經營狀況的人，大概只有想出這套方法的執行長傑佛瑞・史基林，以及財務長安德魯・法斯托二人。這裡面藏有極高的風險，說是定時炸彈也絕不為過。

一、安隆的信用評等或股價落到一定的基準以下，所有外部SPE的資金風險，全都得由安隆本體償還。

二、幹部利用SPE隱藏損失或中飽私囊。

三、採取SPE之間互相投資的經營模式。

換句話說，一旦不法行徑被揭穿，或是股價下滑到某種程度，SPE就會像骨牌一樣接二連三倒閉，重創安隆本體的營運。因此，安隆無論如何都得死守公司股價。管理階層也深明這個道理，對股價變動十分敏感，經常要表現出公司前景大好的假象。況且「天然氣銀行」這種市場經濟，本質上利潤不高，安隆卻用各種會計詮釋手法，搭配複雜的金融工學技巧，持續在財報上掩飾利潤不高的事實。

不過，這種強行操作的假象無法維持太久。後來，某位分析師對二〇〇一年四月的財務報表提出質疑，史基林沒辦法說出事實，只好顧左右而言他。各家對沖基金察覺有鬼，紛紛賣空安隆。於是，安隆股價一落千丈，幹部的不法情事也被揭穿，第一塊骨牌終於倒下。

過沒多久安隆就倒閉了，分析師提出疑問還不到一年，二〇〇一年十二月安隆就申請破產保護了。《財星》雜誌連續六年給予安隆「全美最勇於革新的企業」的殊榮，六年的榮耀轉眼間灰飛煙滅，沒人料到倒閉速度竟會這麼快。

到底
哪裡做錯了？

舞弊三角導致企業踏出失控的第一步

我們常用「特定的經營者脫序」來解釋這樣的案例。確實，光看結果這無疑是荒腔走板的脫序行為。但在企業澈底失控以前，肯定有某個架構導致了「失控的第一步」，為什麼會有那失控的第一步呢？

事後分析發現，安隆為了追求成果，背地裡對員工施加了極大的壓力。安隆有一套人事制度叫「考績定去留」，每半年對員工評鑑一次，共分為五大評等，評等最低的員工（最底下的百分之十五）會被解雇。這種強行要求結果的壓力，不只影響到一般員工，連管理階層也深受其害。

財務長法斯托號稱是一連串非法行徑的推手，但他表示自己經常提心吊膽，害怕被執行長史基林解雇。在推動自由化的美名下，這種誘發焦慮的評比架構，加上鬆散的管理和監督制度，造成法斯托和一部分員工踏出了失控的第一步。

其實，美國犯罪學家唐納德・克雷西，提出了「舞弊三角」的論述，來解說這種問題的架構。只要有以下三項要素，就容易發生舞弊情事。

一、有舞弊的「機會」存在，只要有心舞弊就做得到。

二、有舞弊的「動機」存在，只要舞弊就有辦法改善現狀。

三、有「合理化」的理由存在，當事人不會認為自己是在舞弊。

想必各位也看出來了，安隆的經營體制完美包含了這三大要素，所以安隆遲早會陷入經營危機之中。

安隆事件爆發後，人們開始檢討企業管理和會計事務所的監督制度，還有改善倫理教育等措施。這背後主要是社會輿論希望有一套完善的規範，防止舞弊三角發生。

我們
該學到的
教訓

像安隆這麼誇張的舞弊案例並不常見，但我們身旁充斥著各式各樣小型的舞弊。為了避免舞弊情事發生，遠離舞弊的是非紛擾，關鍵在於事先排除「機會」「動機」「合理化」這三大要素。

人類是脆弱的生物，在困境中任何人都有可能鋌而走險。這個例子告訴我們，安排一個完善的機制，避免脆弱的人類受到誘惑有多重要。

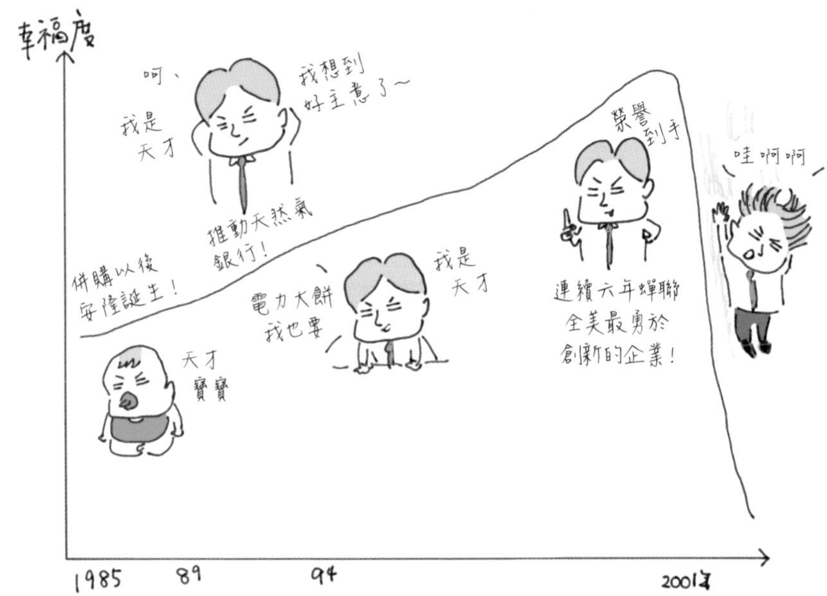

安隆公司倒閉的三大教訓

01

人心軟弱，不要給人投機取巧的「機會」。

02

舞弊有其「動機」存在，檢討自己是否給員工太大壓力。

03

反省一下自家企業，是否瀰漫著做錯事還找藉口「合理化」的風氣。

企業名稱	安隆公司
創業年份	一九八五年
倒閉年份	二〇〇一年
倒閉型態	適用《美國法典》第十一章（重整型處理手續）
業種與主要業務	綜合能源交易 IT 事業
負債總額	約四百億美元
倒閉時的營業額	一千〇一十億美元（二〇〇〇年）
倒閉時的員工數	約兩萬兩千人（二〇〇〇年）
總公司所在地區	美國德州休士頓

參考文獻：
『エンロン崩壊の真実』Peter C. Fusaro/ Ross M. Miller 税務経理協会
『虚栄の黒船　小説エンロン』黒木亮 プレジデント社

膨脹過度
而倒閉

戰略上有問題

「戰略方針不佳」的類型

企業依賴脆弱的戰略方針，稍遇風險便一蹶不振

世界通訊

那是一家
怎樣的企業？

趕上新經濟浪潮，一度實現了美國夢的企業

世界通訊的創辦人伯納德・艾伯斯，高中畢業後開始當牛奶配送員。之後，他擔任高中的籃球教練，又跑去經營汽車旅館。一九八三年，艾伯斯終於遇到了人生中的轉機。違反壟斷法的AT&T被分拆為八家公司，通訊事業開放的潮流讓他看到了商機。於是，艾伯斯跟朋友一起設立LDDS（Long Distance Discount Services）通訊，那就是世界通訊的前身。

艾伯斯眼光獨到，通訊事業開放確實帶來巨大的商機。一九九三年LDDS收購METRO MEDIA成為中型的長距離國際電話公司，隔年又收購國際通訊公司IDB Worldcom，公司也改名為世界通訊。後來，艾伯斯持續收購競爭對手，總共併吞了七十家以上。

一九九〇年代後期，有兩件收購案與世界通訊的成長息息相關。其一是一九九七年收購UUNET Technologies，那是一家網際網路服務供應商，曾和微軟

合作而聲名大噪。

其二是一九九八年收購的大型通訊公司MCI。MCI本來打算和英國電信合併，世界通訊提出了更高的價格，搶下了MCI通訊。當時MCI的規模是世界通訊的三倍，這一次以小吃大的收購，讓世界通訊的營收達到三百億美元，成為僅次於AT&T的巨大通訊企業。

艾伯斯從牛奶配送員，搖身一變成為大型通訊企業的創辦人，他發跡的過程就像電影一樣傳奇。

積極的收購策略是世界通訊成長的動力，但要明白積極收購的原因，我們得先了解一下當時在美國盛傳的「新經濟理論」。

提倡新經濟理論的人認為，由製造業主導的經濟型態，將轉變為IT業主導的型態。製造商再怎麼提升生產力，終究有其極限，而IT產業的前途卻不可限量。那時候通用汽車等美國知名的大企業走下坡，IT企業卻如日中天，Windows95的成功就是極具代表性的例子。因此市場樂觀預期，未來IT產業會持續帶動美國經濟成長。

艾伯斯還表示，每三個月資訊通信量就會成長兩倍，這段話還被刊在美國商務部一九九八年的報告「新興數位經濟」中，整個社會沒有人懷疑ＩＴ產業的可能性。

在這種樂觀的時代氛圍下，就連沒有獲利的ＩＴ企業，都被挹注大量的資金，一躍成為股價奇高的企業，這也就是俗稱的網路泡沫。世界通訊向投資人吹捧自家企業的可能性，甚至頂著最有魅力的ＩＴ企業的光環，搶先分食到這股潮流的大餅。一九九〇年代以後，艾伯斯的才能和新經濟的時代背景，替世界通訊披上一層不切實際的華美外衣。

何以淪落到倒閉的下場？

在股價低靡的困境中美化帳面而倒閉

不過，泡沫總有破掉的一天。

世界通訊在全球進行設備投資，替架設光纖布局，許多企業也加入這場設備投資戰，不願屈居人後。根據美國政府統計，一九九六年到二〇〇〇年的這五年內，美國通信業界就花了四千億美元進行設備投資，大部分都花在光纖設備上。

到頭來，投資總量高出全美國必要用量的二十倍。二〇〇〇年九月，英特爾的財報表現不如預期，對市場帶來巨大衝擊，網路泡沫也隨之瓦解。

屋漏偏逢連夜雨，世界通訊又遇到了一大困境，那就是Sprint的收購案被駁回。當時世界通訊的規模是業界第二，Sprint則是業界第三；世界通訊宣布兩家企業合併，將成為營收高達五百億美元的聯合企業。可是，美國司法部認定這次收購有違反壟斷法的嫌疑，二〇〇〇年七月駁回收購案。泡沫崩潰加上大型收購案被駁回，導致世界通訊股價一落千丈。

財務長史考特・蘇利文就是在這個時候開始美化帳面。為了粉飾利潤維持股價，他用上了一種單純的會計操作手法，把本來應該認列費用的設備開銷，列入資產項目中。於是，在一次內部審計中發現，世界通訊從二〇〇一年到二〇〇二年第一季之間，連續五個季度虛報營利，總額高達三十八億美元。二〇〇二年六月，世界通訊也終於坦承此事。

這一次美化帳面的醜聞，等於給奄奄一息的世界通訊最後一擊。同年七月，世界通訊申請破產保護。

到底
哪裡做錯了？

問題的本質並非美化帳面，而是必須仰賴股價的戰略

一般在探討世界通訊的案例時，通常都會著眼於「美化帳面」的非法行徑。但從這個故事我們不難發現，世界通訊美化帳面只是壓垮駱駝的最後一根稻草。最根本的原因在於，他們的經營戰略有問題。

先來了解一下世界通訊做的商業戰略，他們用的戰略相當單純，就是搶下大量的基礎設施獨占消費者。當時的通信量號稱「三個月增長一倍」，用最快的速度收購既有的通信網路，備妥完善的基礎設施，才有辦法趕上通信需求的擴大。另一方面，收購有固定客源的競爭對手也是增加市占率的一大方法。

那麼，為何只有世界通訊獨大，其他競爭者趕不上世界通訊呢？主要原因在於，收購必須持續保有龐大的現金。那時候的通信量和網路沒有增長如此迅速，投入的成本根本沒辦法賺到收益。所以，顧客的利潤不足以支應收購的現金，得用其他方式調度才行，偏偏這一招其他競爭對手辦不到。

那麼，為何世界通訊有本事做這種「得不到回報的投資」呢？關鍵就在於「股價」。換句話說，只要有機會提高世界通訊的股價，世界通訊就能用交換持股的方式，便宜買下其他的競爭對手。而市場期待收購的效益，又會拉高世界通訊的股價，世界通訊又可以利用股價繼續收購。該公司就是用這樣的方式，搶下大量的基礎設施獨占客源。

說穿了，就是自己畫塊大餅空手套白狼。世界通訊必須不斷維持股價上揚，否則企業經營無以為繼。當然，艾伯斯本人也深明這個道理，所以他一直努力維持前景大好的假象，最後鋌而走險美化帳面。

股價受外部條件影響，有其不可控制性，某些情況下人力無法扭轉趨勢。把自家企業的命運寄託在脆弱的系統上，才是世界通訊真正的敗因。

我們該學到的教訓

通常我們談論這樣的故事，都只會站在事後分析的角度，用「泡沫經濟」這幾個字來做總結。不可否認地，這確實是泡沫經濟的產物沒錯，但我們自己若是身歷其境，又會怎麼面對世人給我們的過高評價？我們應該從現實的層面，來思考這個問題。比方說，在世界通訊形勢大好的一九九〇年代後期，如果該公司挖角你去當管理階層，你會如何自處？

你一定有很多機會察覺，公司處於一種金玉其外、敗絮其內的「泡沫狀態」。可是，戳破泡沫股價會一落千丈，多數股東和員工也將無所適從。一旦落入矯飾的惡性循環，就很難擺脫那樣的困境。因此，世界通訊吹出泡沫並沒有見好就收，而是美化帳面被揭穿後，面臨悲劇性的倒閉結局。

類似的歷史會一再上演，我們能做的是站在當事人的角度深入思考，而不是用簡單的隻字片語來總結歷史。

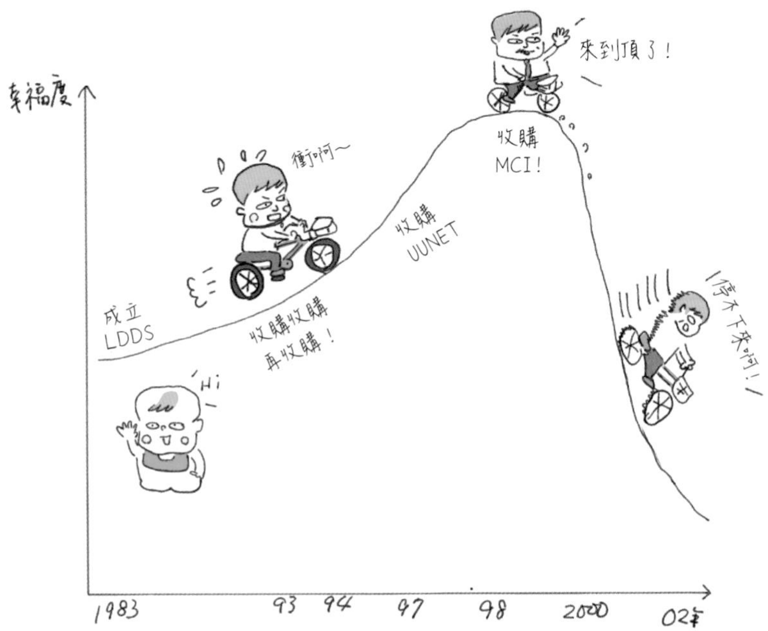

世界通訊倒閉的三大教訓

01

自家企業的營運，不能仰賴難以控制的外在因素。

02

反省自己是否打算控制難以掌握的變因。

03

試著思考一下，當你發現所謂的前景不過是泡沫，又該如何擺脫假象？

企業名稱	世界通訊
創業年份	一九八三年
倒閉年份	二〇〇二年
倒閉型態	適用《美國法典》第十一章（重整型處理手續）
業種與主要業務	通訊業
負債總額	四百一十億美元
總公司所在地區	美國密西西比州

參考文獻：
『アメリカ経営の罠』東谷暁 日刊工業新聞社 B & T ブックス
『アメリカがおかしくなっている』大島春行・矢島敦視 NHK 出版
『エンロン ワールドコム ショック』みずほ総合研究所 東洋経済新報社

賭博
終有失敗的一天

戰略上有問題

「戰略方針不佳」的類型

企業依賴脆弱的戰略方針，稍遇風險便一蹶不振

三光汽船

那是一家怎樣的企業？

在高度成長的環境下，以十分投機的手法發跡

一九三四年，還是學生的河本敏夫和姊夫共同創立三光汽船。河本看出中日兩國在戰亂期間的船運需求高漲，訂購五艘專跑天津航路的貨船，賺到龐大的利潤。一九四九年，心懷壯志的河本參加眾議院選舉，當選後以「企業政治家」的身分，在政壇上壯大實力，在公司內也持續擔任社長，參與經營決策。於是，政界的人脈成了三光汽船的一大進步動力。

河本一向秉持獨立自主的經營原則，決心當上世界第一船王，原先三光汽船是把船隻租借給大型海運公司的船東公司，後來轉變為獨自營運船隊的海運公司。一九六四年，大型海運公司紛紛接受國家補助，參與重新整編，力行集中化的管理制度。相對地，三光汽船走上獨立自主之路，不接受國家的補助，以合理化的經營方式，澈底發揮最大的效率。

在這個偉大的願景下，三光汽船憑自身實力造船，一九六〇年代就造出了

三十艘。這種獨立自主的志向被喻為「海運界的孤狼」，當時日本正處於高度經濟成長期，三光汽船不受政府制約，可以做出迅速而大膽的決策，這也帶領他們走向成功。

一九七〇年代，三光汽船採用極為特殊的經營手法，轟動了整個商業界。三光汽船特殊的地方，就在於他們的資金調度手法。從一九七一年開始，三年內實施新股增資四次，調度了九百一十二億日圓。過去沒人在這麼短的時間內，進行如此龐大的新股增資，輿論懷疑三光汽船有操控股價之嫌，對其大肆批判。

這筆巨額資金主要用來訂購大量油輪，以及進行股票投資，由於股票投資規模龐大，三光汽船甚至被稱為「三光證券」。當時，人們批評三光汽船靠炒股和炒船營利，也就是在低價時期大量購入船舶和股票，等高點的時候再賣出。這一套手法又被稱為「河本商法」，在股價高漲的時代背景下，河本靠著投資與回收，創造出良好的現金流。

一九七三年，三光汽船的現金流仍然順利運作，營運也來到前所未有的高峰。通膨帶動了船舶投資的風氣，造船界可謂盛況空前。

不過，三光汽船很快就碰上了石油危機的威脅。

何以淪落到倒閉的下場？

連續兩次豪賭大敗，最後動盪政壇而倒閉

一九七三年，第一次石油危機爆發，油輪的行情開始走下坡。三光汽船看準的需求也大幅萎縮，全球油輪過剩的問題浮上檯面，已經簽約的船舶有半數以上都被取消了。這對兵行險著的三光汽船來說，無疑是重大的打擊。被戲稱為「炒船」的船舶轉賣業務，也因為價格低迷而做不成了。豪賭大敗的三光汽船，營運自此一落千丈。

一九八三年，三光汽船認列了五百六十億日圓的巨額虧損。市場盛傳三光汽船陷入了嚴重的經營危機，沒想到他們又做了一次起死回生的豪賭。三光汽船宣布，要一口氣建造八十一艘小型貨運船，再也不依賴價格低迷的油輪業務。小型船的性價比要高於油輪，提升運貨量就能改善收支；此外，在適當的時機下賣掉又能獲利，堪稱一石二鳥的好方法。建造八十一艘船的龐大計畫，也引發市場話題，人們都說那是「三光汽船最後的豪賭」。

可是，這一場豪賭同樣適得其反，三光汽船大量訂製小型貨運船，全世界的船主也爭相跟進。一向逆勢操作的三光汽船，反而碰上船舶過剩的困境，沒辦法把船舶拿去轉賣了。三光汽船連最後一場豪賭都失敗，一九八五年公司債務高達五千兩百億日圓，不得不申請企業更生法。這是一起相當大的倒閉事件，但隔天發生了日本航空墜機的意外，所以沒有受到太多的矚目。

順帶一提，三光汽船倒閉的時候，河本已經卸下該公司的職務了。一九七四年，河本當上通商產業省大臣，表面上不再過問三光汽船的經營，實際上依然是三光汽船的大老闆。因此，這一起動盪政壇的倒閉案發生後，河本辭去沖繩開發廳長官一職以示負責。河本原為自民黨河本派的領袖，有意角逐黨魁大位，三光汽船倒閉成了妨礙他競選的一大原因。

三光汽船的故事還沒有結束，該公司申請企業更生法後，成功裁員節流，一九九八年提前清償更生債務，達成了企業更生計畫，也上演了一齣起死回生的大戲。然而，三光汽船又碰上了第二次苦難。

二〇〇八年，三光汽船營業額超過兩千億日圓，再次獲得世人的矚目，不料同年發生雷曼風暴，全球船舶的載運量增加，但運輸量卻極度下滑。船舶的燃料費用高漲，日圓升值造成的匯差損失，加上雷曼風暴發生之前，客戶不斷取消造船訂單，三光汽船的營運又一口氣走下坡。這一次受創難以重整，二〇一二年三光汽船留下一千六百億日圓的債務，申請第二次企業更生法。

到底
哪裡做錯了？

賭博不可能永遠賭贏

我們要先了解海運業的特性，才能真正看懂三光汽船倒閉的原因。

一言以蔽之，海運業很容易受到環境變化的影響，而環境變化是不可控制的變因。海運業是做全球市場的生意，價格變動幅度取決於全球市場的供需平衡。景氣好的時候海運業的需求自然就好，船舶供不應求價格就會升高。這是一種很單純的市場機制，基本上也沒有人力操控的空間。

除此之外，匯率、原油價格、船員的人事費用等外在變因也有影響。船舶的製造成本動輒數十億到數百億日圓，處在這樣複雜又難以控制的環境變化下，經營者必須一邊預測船舶訂製到完工的前置時間，一邊做出經營決策才行。

換句話說，海運業主要是看「能否確切因應環境變化」，一旦應對決策稍有失誤，企業馬上會陷入經營危機。一般海運企業要生存下去，得努力刪減成本，並簽下長期契約來獲取穩定收益，分散投資不同類型的船舶，這樣遭遇風險才有健全的制度生存下去。

然而，三光汽船走的是不一樣的道路。三光汽船沒有想辦法順應環境，而是勇於預測環境的變化，並且抓住機會大賭一把。

想當然，賭對了就有很大的收穫，但意外狀況發生是很常見的事情。三光汽船第一次碰到出乎意料的石油危機，經營遭受嚴重打擊；第二次又碰到出乎意料的雷曼風暴，再次陷入困境。縱使經營者才幹通天，有攻無守的豪賭也不可能永遠贏下去。

我們
該學到的
教訓

這個例子告訴我們，平時「未雨綢繆」有多重要。

當我們在思考未來可能發生的壞事時，可以從兩個角度來進行預判，第一是壞事的不確定性有多大，第二是壞事發生後的衝擊性有多大。不消說，我們通常會先想到「不確定性較低」的壞事，比方說一般人會先想到政府增稅，然後再來思考如何因應增稅。

不過，不確定性和衝擊性都很高的壞事，才是我們最不該忽略的要素。每個人都害怕那樣的壞事發生，這種感情會讓我們不願正視壞事發生的可能性。但三光汽船的案例說明了一個道理，再優良的企業若沒有未雨綢繆，總有一天會陰溝裡翻船。

請各位偶爾緩過來思考一下，什麼樣的壞事對我們來說不確定性很高，發生時的衝擊性又很大？

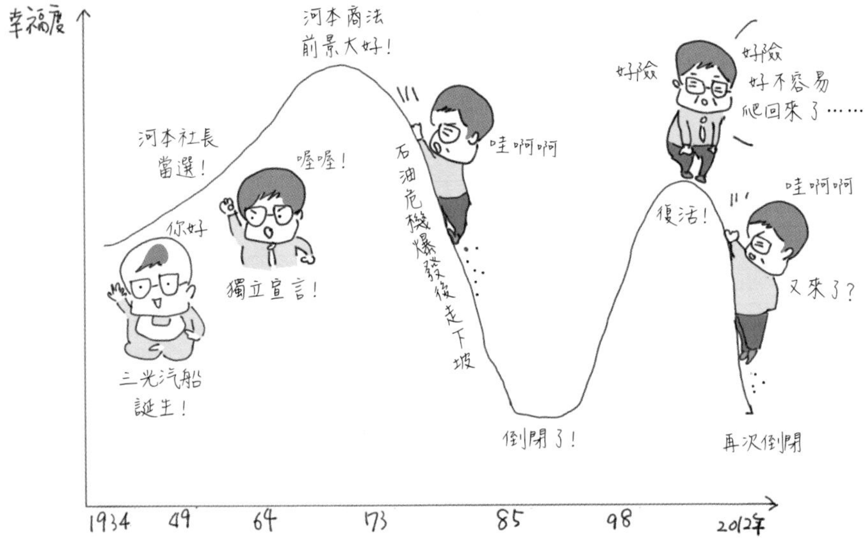

三光汽船倒閉的三大教訓

01

先想一下，有哪些壞事不確定性高，而且衝擊性較大。

02

思考壞事發生時，有什麼具體的因應方案。

03

缺乏守勢的進攻策略，從中長期的角度來看，早晚有一天會吃大虧。

企業名稱	三光汽船
創業年份	一九三四年
倒閉年份	一九八五年、二〇一二年
倒閉型態	適用企業更生法
業種與主要業務	海運業
負債總額	五千兩百億日圓（一九八五年）、 一千六百億日圓（二〇一二年）
倒閉時的營業額	九百九十五億九千五百萬日圓（二〇一二年三月）
倒閉時的員工數	九十一人（二〇一二年）
總公司所在地區	日本東京都港區

參考文獻：
『座礁─ドキュメント三光汽船』 日本経済新聞特 別取材班 日本経済新聞社
『ドキュメント沈没─三光汽船の栄光と挫折』每日新聞社経済部編 每日新聞社

競爭失利
而倒閉

戰略上有問題

「戰略方針不佳」的類型

企業依賴脆弱的戰略方針，稍遇風險便一蹶不振

爾必達記憶體

那是一家
怎樣的企業？

透過事業整合的手段，成功擺脫困境的企業

半導體被喻為「產業中樞」，日本半導體企業在一九八〇年代盛極一時。一九八〇年代後期，日本半導體的市占率高達五成以上，尤其DRAM更是日本擅長的領域，品質精良價格又便宜，可謂打遍天下無敵手。

不過，美國不允許日本在重要產業上專美於前，開始透過美日半導體協定等手段打擊日本企業。撐過美國的打壓後，又遇到三星等韓國企業急起直追，於是一九九〇年代後半日本半導體企業幾乎全軍覆沒，為求生存只好嘗試整合。

爾必達記憶體就是在這樣的時代背景下，由NEC和日立製作所的DRAM事業，在一九九九年整合出來的企業。起初公司名稱叫「NEC日立記憶體」，隔年改名為「爾必達」。爾必達（Elpida）這個名字取自希臘文的希望（Elpis），以及兩家企業衝擊性（Dynamic）的事業整合（Association）願景。

不過，實際上的營運一點也不具衝擊性。NEC和日立只知道爭權奪利，管

理也採取兩家互相折衷妥協的方式，由雙方輪流派人經營。管理階層必須不斷確認雙方的意向，調整公司的營運方針，沒辦法迅速做出決策來順應環境變化。當初的爾必達，採用的並不是有競爭力的經營方式。

想當然，這種做法不會成功，爾必達二〇〇一年度認列兩百五十一億日圓的營業損失，二〇〇二年度認列兩百三十八億日圓，二〇〇三年度認列兩百六十四億日圓。二〇〇二年爾必達聘請坂本幸雄擔任社長，後來他回顧那一段往事表示，他不敢相信爾必達過去三年都是用那麼荒唐的方式營運。

不過，坂本幸雄擔任社長以後，爾必達總算有了復活的徵兆。英特爾和日本政策投資銀行提供資金，爾必達得以投資生產線，並於二〇〇三年收購三菱電機的DRAM事業。二〇〇四年度爾必達認列一百五十一億日圓的盈利，坂本社長就任不到兩年，爾必達便轉虧為盈。同年十一月，爾必達首次公開募股（IPO），成為日本半導體業復活的象徵，贏得世人廣泛的矚目。在坂本社長的帶領下，爾必達的業務蒸蒸日上，二〇〇七年三月決算的營業利益高達六百八十四億日圓，淨利高達五百二十九億日圓，雙雙創下最高紀錄。

可是，短期內轉虧為盈的爾必達，在這個時候也走到了極限，接下來爾必達的營運又開始一落千丈。

何以淪落到倒閉的下場？

受到市場變化和日圓升值的影響，資金周轉不靈而倒閉

二〇〇七年，爾必達的營收創下了最高紀錄，但這時候市場開始起了變化。二〇〇七年DRAM供給過剩，短短一年價格就掉到原先的六分之一以下。

原因是市場錯估了微軟「Windows Vista」帶來的需求。各家半導體大廠認為Vista會刺激需求大增，因此紛紛增產。不料，實際的市場需求沒有增加太多，DRAM的價格大跌，大舉進行設備投資的爾必達，也在二〇〇八年三月決算認列兩百三十五億元的淨損。

到了二〇〇八年又發生雷曼風暴，那一年爾必達有將近一千八百億元的淨損，資金周轉也陷入困境。同一年，爾必達接受日本政策投資銀行三百億日圓的新股增資提案（等於接受公家資金），另外又接受各大型銀行的一千一百億元融資，總算暫時脫離險境。

無奈一波未平一波又起，這一次爾必達碰上了日圓升值的問題。爾必達的營收有九成以上仰賴海外市場，日圓升值逐步將該公司逼入絕境。

二〇一一年十二月，爾必達的現金流量終於出了問題。一千一百億元的融資償還期限是二〇一二年四月，當此危急時刻，日本政策投資銀行也發出通告，倘若爾必達在二〇一二年二月底以前找不到合作對象，無法增加一千到兩千億元的資本，則不再提供協助。

期限剩不到幾個月，坂本社長努力尋找合作對象，可惜在市場不看好半導體的情況下，交涉始終不順利，最後爾必達走投無路，終於在二〇一二年二月底申請企業更生法。市值高達九百億日圓的大企業，過去還得到官方挹注資金，結果撐不到三年就倒閉，這個出人意料的發展震驚了市場。

到底
哪裡做錯了？

關鍵在於資金調度系統不夠完善

這一行講究大型的設備投資，在什麼時機點進行多少最先進的設備投資，就成了至關重要的問題。另一個重點是，投資的計畫與生產要互相配合，盡可能提高產品的良率。要滿足這個單純的要求，才能提供「便宜又精良」的半導體，獲得更多的客源。如此一來，才有足夠的空間壓低成本。

換句話說，這是一個看重「規模經濟」的行業。投資帶來客源，有客源才能壓低成本，壓低成本即可獲得收益，有收益便繼續投資。能否創造出這樣的良性循環，決定了企業的生死存亡。

在半導體業有資格打贏規模戰爭的玩家並不多，所以這是一場很單純的競爭，沒有資格就注定淘汰。當時，有資格取勝的是三星和SK海力士，他們成功提高了DRAM市占率。而日圓升值對爾必達做出了致命打擊，但從本質上來看，爾必達輸了這一場激烈的競爭。

「資金調度」是打贏規模戰爭的關鍵，大型設備投資是競爭的第一要務，匯率和半導體景氣循環等供需平衡的要素也大有影響。大型設備投資在還沒有回本以前，萬一碰到什麼意外狀況，資金周轉不靈就有可能倒閉。所以，確保廣泛的資金調度選項十分重要，否則資金供給一旦斷絕，擁有再高的營業額和利潤也沒用。

從這個觀點來看，資金調度困難是爾必達最致命的缺失，他們沒有主要合作銀行。這跟爾必達本身的經營理念有關，刻意不指定合作銀行，經營就不會受到外人管束，但這個選擇要承擔極大的風險。二〇〇八年爾必達發生經營危機時，幸好還有大型銀行願意提供資金；然而，看著手頭上的資金日益減少，償債的期限逐漸逼近，又沒有其他金融機構可以私下協商，這是非常令人擔憂的困境。最終，爾必達接到金融機構的嚴厲通告後，只剩下三個月的解決時間。在這麼短的時間內要找到合作對象，條件未免太過苛刻。

坂本社長事後反省，也說爾必達應該要有主要合作銀行。半導體事業必須面對劇烈的環境波動，看準情勢進行大型投資，資金調度的穩定性決定了最後的成敗。

我們該學到的教訓

爾必達短短十幾年就結束了營運生涯，這個短期走向倒閉的案例告訴我們，了解業界的遊戲規則有多重要。每一門生意都有潛規則（MBA用語叫 KSF=Key Success Factors），我們得明白這套規則，按照規則行事，否則細部優勢再多也無法生存。

我們應該反省，自己是否有掌握住業界的規則？在思考獲勝的關鍵時，我們有沒有從廣泛的角度來思考各項要素？換言之，思考的範圍有沒有包含自己的非專業領域？

以廣泛的角度來衡量業界的規則，是管理階層必備的思維之一。一般人通常只注重半導體業界的製造程序，殊不知像爾必達這樣功敗垂成的例子，就是缺乏「金融」這一大要素，這才是爾必達帶給我們最大的教訓。

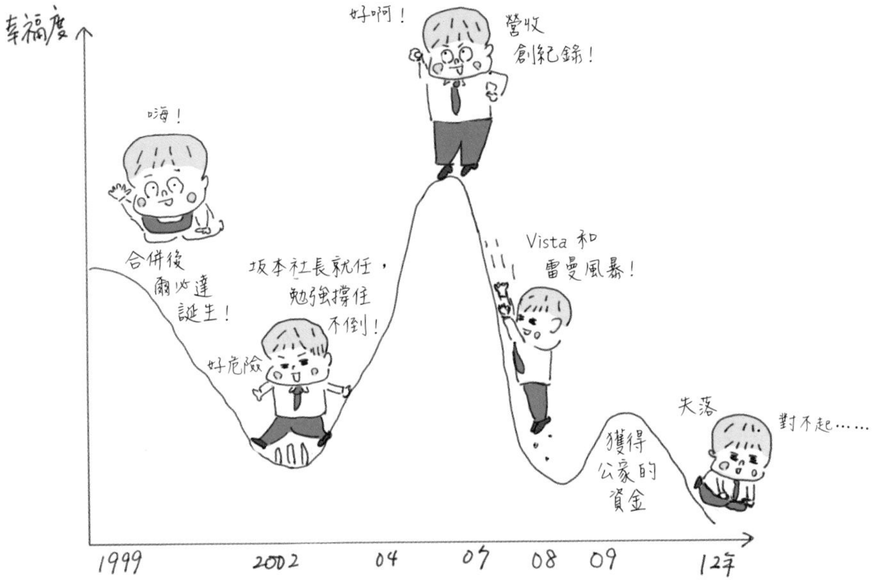
幸福度
嗨！
合併後
爾必達
誕生！
好危險
坂本社長就任，
勉強撐住
不倒！
好啊！
營收
創紀錄！
Vista和
雷曼風暴！
獲得
公家的
資金
失落
對不起……
1999
2002
04
07
08
09
12年

爾必達倒閉的三大教訓

01
思考自己投入的業界有哪些KSF（獲勝的必要條件）。

02
思考自家企業的經營方式和KSF有哪些落差。

03
如何彌補落差，才是經營戰略的核心。

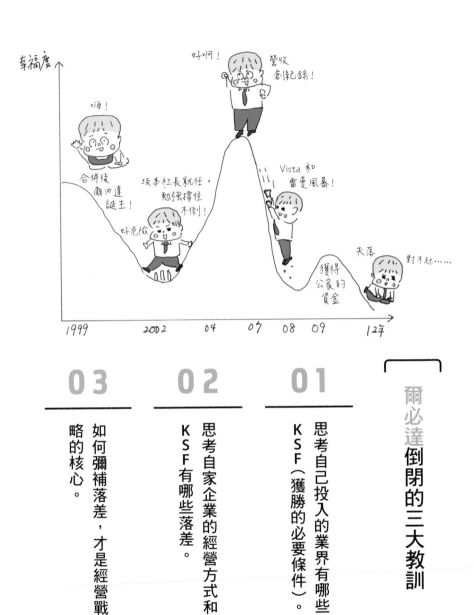

企業名稱	爾必達記憶體
創業年份	一九九九年
倒閉年份	二〇一二年
倒閉型態	適用企業更生法
業種與主要業務	電子機械
負債總額	約四千八百一十八億日圓
倒閉時的營業額	五千一百四十三億日圓（二〇一一年三月決算資料）
倒閉時的員工數	五千九百五十七人（截至二〇一一年九月底）
總公司所在地區	日本東京都港區

參考文獻：
『不本意な敗戦』 坂本幸雄 日本経済新聞出版社
『正論で経営せよ』坂本幸雄 ウェッジ
『エルピーダは蘇った』 松浦晋也 日経 BP
『日本「半導体」敗戦』湯之上隆 光文社ペーパーバックス

管理上有問題

「經營過於躁進」的類型

由於貪功躁進，超出了風險的承受極限。

山一證券
北海道拓殖銀行
千代田人壽保險
雷曼兄弟

「管理太鬆散」的類型

管理方式太粗糙、沒條理。

MYCAL
NOVA
林原
天馬航空

「管理機能不健全」的類型

經營層不了解基層狀況，沒有發揮組織該有的機能。

美國大陸航空

高田公司

西爾斯

太輕視程序正義
而倒閉

管理上有問題

「經營過於躁進」的類型

由於貪功躁進，超出了風險的承受極限

山一證券

那是一家
怎樣的企業？

曾經是企業調度資金的好伙伴，也是證券業的領頭羊

山一證券過去是四大證券公司之一，由實業家小池國三創辦。當年有一個很著名的實業家叫若尾逸平，小池在若尾手下服務了十七年，學習市場行情的相關知識，並於一八九七年自立門戶，創辦了小池國三商店，那一年小池才三十一歲。若尾家的家徽為「山中有橫線」，因此小池用山形和一字來設計公司紋章，這也是「山一」證券的名稱由來。

不同地區的市場有套利的空間，小池將套利技巧使得出神入化，成為交易市場上無人能敵的套利高手。一九〇九年，小池跟澀澤榮一等人前往美國參觀視察，深受華爾街投資銀行的啟發，決定從賭博性極高的市場作手，轉往投資銀行發展。那個時代還不流行用股票來籌措資金，但小池看到了股票市場更大的可能性。

之後，小池成為缺乏資金的企業最好的伙伴。過去業界的定位是這樣的，野

村證券比較擅長做一般投資人的生意，山一證券則擅長做企業主的生意，這種事業基礎就是靠小池當年建立的信賴與人脈奠定的。

一九一七年，小池認為從今後產業發展的角度來看，銀行業比證券業更有前景，因此設立了小池銀行。既有的證券公司，就改為山一有限合夥企業（一九二六年改為山一證券），並由小池的同志杉野喜精擔任社長，山一之名就是在這一刻登上歷史舞台。

那個年代日本從輕工業轉往重工業發展，而發展重工業需要大量資金。舉凡大型增資、債券發行、新企業上市都是要獲得產業資金，杉野在這樣的時代背景下，遵循小池的願景，滿足企業對資金調度的需求，山一也在大量證券公司中脫穎而出。

之後，日本擺脫二戰帶來的經濟停滯期，進入高度成長期，股票市場盛況空前，經營困難的各家證券公司，也是在這個時期復活的。不過，景氣好壞往往是一體兩面，一九六一年到一九六五年的這四年間，市場不被看好，股價跌了四成左右。

四大證券公司中，受創最深的就是山一證券了。主要原因在於，山一沒有發揮過去審查法人的優勢。山一有點類似今日新興企業上市的帳簿管理行，然而山一審查太過鬆散，在市場趨勢下跌之際，替新興企業的股票護盤而造成損失，經營也一口氣陷入困境。

山一陷入經營危機的傳聞，立刻在市場上傳開。一九六五年，顧客紛紛趕到山一的店頭擠兌，日本政府立刻下令日本銀行提供山一證券特別融資，避免該公司破產。

山一運氣也非常好，之後碰上日本經濟大好的景況，通稱「伊奘諾景氣」。山一的經營狀況迅速好轉，才短短四年就還清日本銀行的融資。山一證券就是在這一次經驗中，埋下了輕視危機的禍根，他們認為反正出了事，政府會出手相救，等景氣好轉一切又會恢復如初。

一九八五年廣場協議簽訂後，日本迎來了泡沫經濟的榮景。一九八五年，日經平均指數為一萬一千點，一九八九年十二月底漲到了三萬八千九百一十五點。山一證券透過法人客戶來提高營收，想要擺脫四大證券公司最後一名的位子。他們使用的其中一套方法，就叫「營業特金」。

也就是這一套方法，讓山一注定走向毀滅。

何以淪落到
倒閉的下場？

作帳填補營業特金的損失，最後東窗事發

所謂的特金是指「特定金錢信託」之意，也就是顧客和信託銀行商量，決定好具體的資金運用方法後，交給銀行來操作的手法。可是，在泡沫經濟的盛況下，客戶通常直接交給證券公司處理，沒有決定具體的運用方法，這就是「營業特金」。

企業希望用某種方式運用多餘的資金（財務應用），而證券公司在牛市中代為操作同樣有利可圖，雙方的利害關係一致，營業特金一下變得炙手可熱，各家證券公司都在搶食這一塊大餅。其中，山一下令全公司「獲得一兆日圓的營業特金」，光是營業特金就占了該公司營收的六成以上。

不過，營業特金的業務也暗藏許多問題。本來事先答應一定的獲利是違法行為，但市場競爭越來越激烈，證券業開始盛行各種陰招，例如在名片背後寫上約定的獲利，並答應損失發生時彌補企業的虧損。大藏省認為事態嚴重，便於

一九八九年下達通告，禁止營業特金事後解約，以及彌補企業虧損的行為。

營業特金的前景依舊大好，不料泡沫經濟突然崩潰，股價跌到最高點的四成以下，營業特金也開始賠本了。理論上證券公司不得事先約定獲利，因此企業要自行承擔損失。但私下約定獲利的行徑，影響到證券公司的營運。企業承擔的損失儼然是一顆未爆彈，時任社長行平次雄為了避免客戶糾紛，下令偷偷彌補企業的虧損，再將赤字轉移到底下的子公司。換句話說，就是用隱瞞的手法避免爭端浮上檯面。

然而，紙終究包不住火。一九九七年四月，《週刊東洋經濟》報導山一彌補企業損失和轉移赤字的非法行徑，七月東京地檢強制搜查山一證券，調查山一證券操縱股東會一事。三木淳夫社長和行平會長引咎辭職。之後野澤正平董事當上社長，但九月東京地檢又以違反商業法的嫌疑逮捕前社長三木，山一證券就此兵敗如山倒，十一月不得不宣告倒閉。自小池國三商店成立，山一證券一百〇一年的歷史，終於在一九九七年畫下句點。

到底
哪裡做錯了？

想法太過天真，以為景氣恢復一切就能重新來過

山一證券在泡沫經濟期，犯下了幾個很致命的決策錯誤。

一、私下約定獲利來爭奪客戶，絲毫沒有顧及風險。

二、彌補客戶的虧損，以免營業特金的虧損浮上檯面，爆發出難以解決的爭議。

三、以轉嫁的方式隱瞞近三千億日圓的虧損。

四、提供利益給職業股東，請職業股東坐鎮股東會，以免業績下滑引爆其他股東不滿。

山一陷入了不斷沉淪的惡性循環中，一次錯誤決策就要用一個謊言來彌補，然後再用一個謊言來掩飾謊言。不過，這當中「轉嫁虧損」才是最致命的決策失誤，在泡沫經濟時期加速推動營業特金業務，確實傷害了山一的骨幹，但如果他們在適當的時機公開內情，照理說不會走上倒閉的命運。

那麼，為何山一在一九九一年底，決定把虧損轉嫁到子公司上呢？當事人行平會長在接受質詢時，是這麼說的。

「的確，一九九〇年股價一路下滑。可是，當時全日本還瀰漫著牛市的樂觀氣息，我也認為股價還會漲，總有一天會全部漲回來，而且對此深信不疑。」

我們可以從這句話看出「結果至上主義」的色彩，行平會長完全輕忽行事的過程。他的想法是，反正股價漲回去，也沒有人會追究過程中使用的手段。這種無視規則還自以為能瞞天過海的危險思維，從長期來看必定會導致悲慘的下場。

然而，經營者在關鍵時刻依賴這樣的思維，主要還是受到過去僥倖的經驗影響。也就是一九六五年擺脫經營困境的經驗，那時候，山一嘗到了犯錯也不用受罰的甜頭。因此，行平會長才會產生毫無根據的期待，認為泡沫崩潰只是股價暫時回測的現象，並且做出越矩的行逕。

我們該學到的教訓

到底是結果重要？還是過程重要？關於這個問題，我們其實很清楚兩者都重要。不是結果好就可以不顧行事過程，而是應該在不打破規定的前提下追求結果。

不過，真正可怕的是打破了規則，卻意外獲得好結果。俗話說，結果就是一切，通常一件事只要有好的結果，大家不太會去追究過程如何。換句話說，打破規則卻不受罰的經驗，會讓當事人食髓知味。

所以說，得到好結果我們更應該檢討行事過程。否則，打破規則卻不受罰的經驗，會跟定時炸彈一樣慢慢扼殺自家的企業。

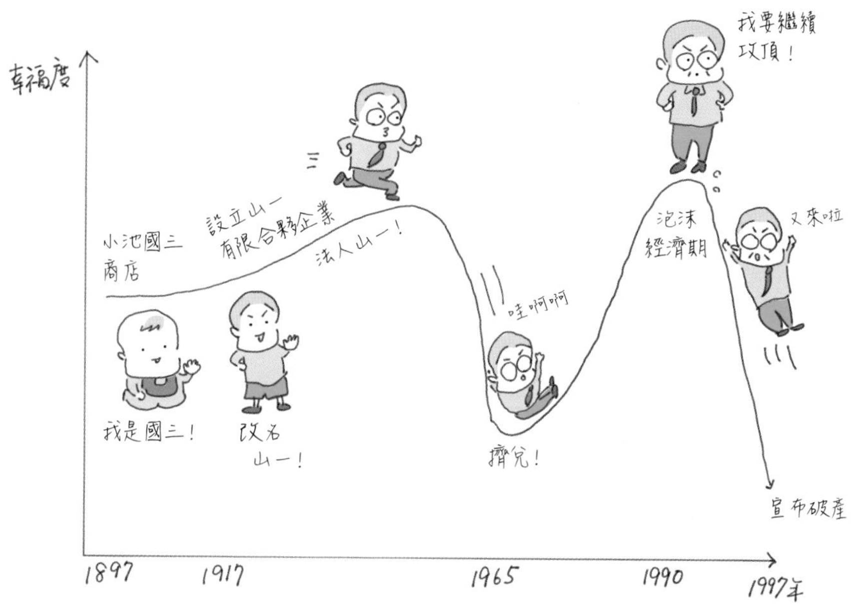

山一證券倒閉的三大教訓

01

仔細確認一下，有沒有比結果更重要的程序正義。

02

成果再好，也不能隱瞞打破規則的事實。

03

萬一打破規則請設下停損點，不要繼續說謊隱瞞。

企業名稱	山一證券
創業年份	一八九七年
倒閉年份	一九九七年
倒閉型態	破產（停止營業）
業種與主要業務	證券業
負債總額	三兆五千〇八十五億日圓
倒閉時的營業額	兩千一百〇八億日圓（營業利益）
倒閉時的員工數	約七千五百人
總公司所在地區	日本東京都中央區

參考文獻：
『滅びの遺伝子 山一證券興亡百年史』 鈴木隆 文春文庫
『山一證券の失敗』 石井茂 日経ビジネス人文庫
『しんがり』 清武英利 講談社＋α文庫
『会社葬送』 江波戸哲夫 角川文庫

在情急下做出錯誤決策而倒閉

管理上有問題

「經營過於躁進」的類型

由於貪功躁進，超出了風險的承受極限

北海道拓殖銀行

那是一家
怎樣的企業？

帶動北海道產業發展的領頭羊，深受北海道人的信賴

為了長期提供北海道開拓的低利資金，政府於一九〇〇年設立北海道拓殖銀行這一家特殊銀行。北海道拓殖銀行發行所謂的「拓殖債券」，從外地募集資金，用於北海道內部的農業發展。之後，經歷第二次世界大戰，一九五〇年北海道拓殖銀行以民營銀行之姿重新出發，在國內、香港、紐約等地都有廣泛的營業基礎，一九五五年終於躋身都市銀行之列。

雖然北海道拓殖銀行是規模最小的都市銀行，卻是北海道境內最大的本土銀行，也是信譽極高的金融機構。對企業和經營者來說，在「拓銀」開立戶頭是信譽的象徵，北海道拓殖銀行幾乎稱得上一種「品牌」。尤其在戰後復興期，北海道的製造業積弱不振，拓銀大力支持造紙業和製糖業，鞏固地方上的經濟基礎，功勞不可謂不大。於是，拓銀在北海道財經界擁有很大的影響力，甚至力壓北海道電力和北海道銀行等在地大型企業，成為北海道企業的領導者。

何以淪落到倒閉的下場？

缺乏融資標的，只好將資金借給高風險對象

北海道拓殖銀行倒閉的契機，同樣發生在泡沫經濟時期。一九八五年廣場協定簽訂後，利率不斷下降，市場上出現了資金過剩的狀況。過去銀行業是「礙於融資限制沒辦法出借太多資金」，現在卻變成「別人不想借也必需出借資金」。隨著利率的變動，銀行業的遊戲規則也跟著改變了。

大型都市銀行配合規則改變，第一時間搶下了東京都內的優良大客戶。不過，拓銀做不到這一點，拓銀的主要業務都放在北海道，北海道的泡沫經濟浪潮來得比較晚，缺乏優良的融資標的。當然，拓銀在東京都內也有分行，但資源比不過那些大型銀行。而且，首都圈的橫濱銀行和千葉銀行等在地銀行，也開始急起直追。

面對放款的業績壓力，拓銀在北海道的「新創企業」身上尋找活路。簡單說，就是培育北海道境內的新創企業，到頭來放款業績都來自風險不明的融資

標的。一九九〇年拓銀營收創下最高紀錄，但隔年泡沫經濟崩潰後，風險也浮上檯面了。由於地價下跌，各家新創企業的擔保品價值遠低於融資，甚至還有企業經營出問題，也就是所謂的「不良債權」。一九九四年拓銀的不良債權高達九千六百億日圓，破產傳聞也甚囂塵上。到了一九九六年，穆迪公司把拓銀評比為「不適合投資」的銀行，儲戶的不安達到頂點，紛紛轉出積蓄。

無路可退的拓銀，最後只剩下一個辦法，就是跟競爭對手北海道銀行合併。拓銀費盡千辛萬苦，好不容易宣布雙方即將合併。不料才剛獲得喘息之機，卻又爆出各種阻礙，首先北海道銀行內部出現反對聲浪，拓銀的不良債權額度令人不安。最後，宣告合併才過五個月，北海道銀行就主動撤回合併案。至此拓銀再也無能為力，只好在十一月宣告破產，並將經營權轉移給北洋銀行。

到底
哪裡做錯了？

組織制度不夠嚴謹，無法抑制錯誤決策

為什麼拓銀會走到破產的下場呢？如果我們只用「泡沫經濟影響」來解釋這

件事，是學不到任何教訓的，應該更具體地思考原因，才能給後世經營者一個警惕。

其中一個具體的原因是，拓銀在泡沫經濟期設立了「綜合開發部」。以往「業務部門」和「審查部門」是分開的，綜合開發部將這兩者合併在一起。當時，拓銀無論如何都得找到放款標的，尤其在有業績壓力的情況下，審查也就沒有那麼嚴謹。更何況業務部門和審查部門在同一個組織中，結果如何也就不言可喻了。鄰桌的業務部門拚死搶下放款客戶，想必審查部門的同事也不好意思說不。

如果有人敢表示意見，業務部門可能會破口大罵，畢竟要贏過大型都市銀行，非得鋌而走險不可。於是，要盡快取得放款業績的焦慮，導致重要的審查制度有名無實。

順帶一提，那時候綜合開發部有八個業務人員，但審查人員只有兩個。業務和審查合而為一不說，審查制度還變得更加鬆散，根本不可能發揮正常機能。當然，看得出來拓銀是想加快放款的速度，這也害他們沒辦法正確選別融資標的。

我們
該學到的
教訓

這個案例告訴我們，「焦慮」和「風險控管」是息息相關的。當年拓銀忍受的焦慮是我們難以想像的，首先都市銀行的顏面是不能丟的，再者他們還要面對其他銀行和北海道在地銀行的競爭，大藏省又從旁施加壓力。這些因素混合在一起，也難怪放款的速度變得越來越快了。

可是，在這樣的局面下，我們更應該確保吹哨者的存在。當組織開始貪功躁進，有沒有人跳出來制止大家？其他成員會不會感謝吹哨者？其實，很多企業和經營者沒有明確的風險控管機制，抑制不了焦慮下的錯誤決斷。

萬一你在自家企業身上也發現類似的缺點，請不要嘲笑那些經歷過泡沫經濟的企業。像拓銀這些在泡沫經濟下倒閉的案例，都是過於貪功躁進，才會衍生出失敗的組織制度。而這樣的現象也絕不會是過去獨有。

幸福度
特殊銀行誕生！
耶
躋身都市銀行之列！
太好了！
最高收益！
急轉直下！
哇啊
1900
1955
85
91
97年

北海道拓殖銀行倒閉的三大教訓

01

嘗試風險大的挑戰時，請先確保審查的獨立性。

02

檢討自家企業是否看重審查機能。

03

思考自家企業是否焦慮，並具體列出那是何種焦慮。

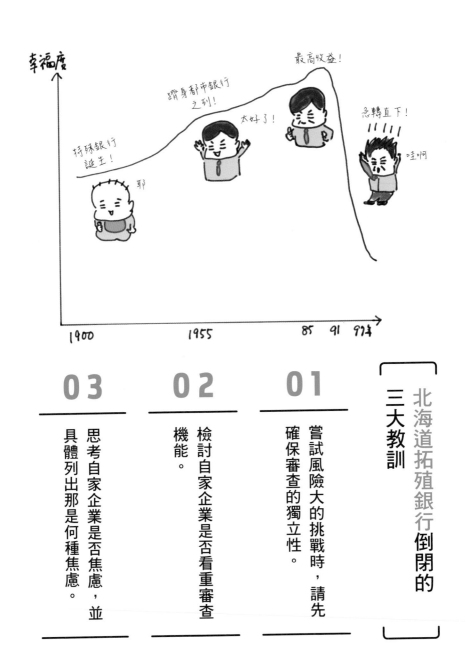

企業名稱	北海道拓殖銀行
創業年份	一九〇〇年
倒閉年份	一九九七年
倒閉型態	適用更生特例法
業種與主要業務	金融業、保險業、銀行業
負債總額	兩兆三千四百三十三億日圓
倒閉時的營業淨利潤	五百五十億日圓（一九九七年三月決算資料）
倒閉時的員工數	兩千九百五十人（一九九七年）
總公司所在地區	日本北海道札幌市中央區

參考文獻：
『最後の頭取　北海道拓殖銀行破綻 20 年後の真実』 河合禎昌 ダイヤモンド社
「北海道拓殖銀行が破綻した原因をわかりやすく説明します　北海道最大手の銀行に何が？」
https://uitanlog.com/?p=4848

不夠客觀
而倒閉

管理上有問題

「經營過於躁進」的類型

由於貪功躁進，超出了風險的承受極限

千代田人壽保險

那是一家
怎樣的企業？

福澤諭吉的門生創立的人壽保險公司

千代田人壽保險創立於一九〇四年，是一家歷史悠久的保險公司。創辦人門野幾之進曾經獲得鳥羽藩的獎學金，進入慶應義塾就讀，年僅十五歲就以英文教師的身分指導學生，堪稱一代秀才。門野深受福澤諭吉的信賴，還先後當上學校的首席教師和教務主任，當上教務主任的時候才二十七歲。不過，門野在一九〇二年辭去教職，並於一九〇四年創立了千代田人壽保險公司，將福澤諭吉提倡的人壽保險理論（根據「西洋旅案內」一書中介紹的歐洲近代保險制度，所思考出來的論述）活用於商業上。那一年，門野四十八歲。

順帶一提，一九〇四年創業之初，正值日俄戰爭爆發的時期。日本有許多青年戰死，各家人壽保險公司也有支付軍眷賠償金，人壽保險的效益遍及全國上下。另外，從眾多投保人身上募集到的保險金，也轉用於鋼鐵業等富國強兵的產業，因此人壽保險成為日本不可或缺的存在。

在這樣的時代背景下，門野親自走遍全國推廣人壽保險，並拜訪各地的慶應學長，請他們幫忙管理分店。這種腳踏實地的作風獲得了回報，才短短一年就簽下一萬件保險合約，超過了先行問世的第一人壽保險。之後，日本經歷大正和昭和年間，人壽保險的概念也普及到一般大眾，千代田人壽成功建立了廣泛的業務網絡，在戰前成功躋身五大人壽保險公司（分別是明治、帝國、日本、第一、千代田）。漸漸地，多數投保人傾向跟這五家公司投保，一九三〇年他們享有五成以上的市占率。

戰後，千代田人壽是業界最先推出「團體定期保險」「團體年金保險」「團體信用人壽保險」等商品的公司，持續穩居龍頭的地位。千代田人壽的營運風格保守穩定，甚至有「財務千代田」的美名。可是，除了穩定以外沒有其他特色的千代田人壽，在競爭日漸激烈的環境中慢慢衰退，無法建立起獨特的地位，最後被埋沒在眾多中型的保險公司中。一九六〇年保有契約的市占率為百分之五・七（業界第七），一九七〇年為百分之四・三（業界第八），一九八〇年為百分之三・〇（業界第九），存在感越來越低落。

為了挽救凋零的千代田人壽，一九八二年公司任命神崎安太郎擔任新社長，這位新社長號稱「業務之王」，是一個受人景仰的經營者。神崎曾經表示，他在戰後剛加入千代田，那時候的千代田在所有保險公司中穩居第一，可惜後來不思進取才屈居人後。對神崎來說，千代田人壽的穩定保守純粹是「負面遺產」，重回「以往的地位」才是主要課題。充滿野心的神崎上任後，也正好迎來了泡沫經濟時代。

何以淪落到倒閉的下場？

業務之王的積極方針全部產生反效果

神崎當上新任社長，立刻採取擴大業務的經營方針，增加業務量成為最高原則，公司聘請了大量的業務員，並擴大保險適用範圍。當然，單純增加業務量贏不了同業，千代田人壽開發了高利率、高配息的儲蓄性保險商品，提高產品的魅力。

可是，出售高利率、高配息的商品，公司的資金運用必需要確保大量的收益才行。過去千代田保守的財務政策，在這時候成了一大阻礙。神崎認為，不迅速開拓一些比較有風險的放款標的，千代田不可能贏過其他同業。於是，他大膽地改變了審查系統。過去千代田人壽把融資部門和審查部門分開，保有互相制衡的功能，神崎除去了這一項重要功能。而且，他還任用沒有財務經驗的上田憲之擔任財務部主管，再賦予上田審查的權限。

另外，在進行融資決議的時候，短期融資只要董事通過即可放款；大型融資案在拿到董事會討論之前，神崎和上田也事先做好了決定。換言之，各個融資方案幾乎沒有在公共場合討論過。

有了「快速決策的體制」後，神崎又將過去千代田看不上眼的融資對象，納為投資和放款標的。神崎主要是靠政治界的人脈，來開拓投資和放款標的。這些人脈包括竹下登、小淵惠三、龜井靜香等政治界大老。

其中最具代表性的放款標的，莫過於新日本旅館（一九八二年曾發生火災，釀成了三十三人死亡和受傷的慘劇）的持有者橫井英樹的相關企業。另外，千代田也放款給許多保險業法禁止放款的對象。例如，大崎車站的再開發事業，這個事業有黑道涉嫌圈地；AICHI金融集團也不是單純的放款機構，他們私下也有參與繪畫炒作投機；賽車場「AUTOPOLIS」，號稱是泡沫經濟期最具代表性的燒錢企畫；地產公司「愛時資」曾開發山梨縣的高爾夫球場，結果經營層和山口組的幹部勾結，紛紛被警方逮捕。總之，千代田貸款給許多高風險的可疑事業。

千代田一方面透過高利率、高配息的商品，積極搶占市場，另一方面又開拓高風險高報酬的放款標的。這種雙向戰略，提升了千代田在業界的地位，千代田成功擠進了「八大人壽保險公司」之中。一九九〇年，千代田打算更上一層樓，泡沫經濟卻一口氣崩潰了。

高獲利商品的成本還沒支付完，投資的股票不斷下跌，放款的資金又收不回來，資金運用的效率迅速下滑。也就是「投資賠本」的狀態，一九九〇年泡沫經濟崩潰後，投資賠本的狀況變本加厲，千代田人壽的規模比不上其他大型壽險公司，幾乎無計可施。一九九四年帳面開始出現赤字，千代田甚至用會計手法矯飾帳面（將自家的大樓賣給關係企業，背地裡再進行大規模融資，賣掉大樓的獲利認列為特別利益）。日後買回賣掉的不動產，再來回收融資就行了。然而，地價持續下跌，資金根本收不回來，反而讓經營狀況越來越糟糕。

當時受到泡沫經濟崩潰影響的，不是只有千代田人壽。其他體質不佳的中型壽險公司，也接連倒閉。一九九七年日產人壽倒閉後，一九九九年東邦人壽也跟著倒閉，二〇〇〇年第百人壽和大正人壽也落入同樣下場。人們開始重視壽險公司的信用能力，千代田被視為下一家倒閉的壽險公司。

後來單靠千代田單打獨鬥，早已無力回天。千代田只剩下兩條路，一是賣給外資，二是跟長年互有往來的東海銀行尋求資本挹注。不過，外資認為等千代田經過法律上的重整後，再來收購比較划算，因此交涉失敗。東海銀行準備與三和銀行合併，能夠支援的額度不明，要實現支援方案有一定的難度。在這一連串的過程中，人們對千代田的信用疑慮有增無減，大量客戶尋求解約。二〇〇〇年十月，無計可施的千代田只好申請更生特例法，以求將客戶的損失降到最低。

到底
哪裡做錯了？

單環學習為其失敗主因

一般人探討千代田人壽的敗因時，大多是著眼在「公司治理有名無實」。公司治理沒有好好發揮機能，持續放款給高風險標的，這就好像下坡時弄壞煞車一樣，太過有勇無謀。

可是，為何神崎社長會嘗試這樣的挑戰呢？其實換個角度來看，這代表他不認為那是有勇無謀的舉動。換句話說，神崎社長的眼中，看到了一個合理可行的方案。

過去千代田人壽是業界龍頭，如今卻甘於落後的地位，而且跟其他大型壽險公司的差距越來越大，神崎對此感到焦慮和屈辱。現在，眼前有一個風險比較大，但沒有其他競爭對手來搶食的大餅；再加上當時正處於泡沫經濟期，人們容易產生過於樂觀的心態，所以神崎才會希望搶先其他競爭對手，做出果斷的經營決策吧。

在這種情況下，人只會看到自己想看的有利因素。至於股價可能下跌、融資可能收不回來之類的風險，則完全不在考量之內。當一個人只看到有利的訊息，勇於挑戰風險的觀念會更加堅定。

哈佛大學教授克里斯・阿吉里斯，把這種狀態稱為「單環學習」，並且疾呼這是一種危險的思考模式。所謂的單環學習，就是完全不懷疑自己的想法，僅在既有的觀念中進行思考。由於思慮專注，短期內能夠發揮極大的效果，但環境稍有變化的話，馬上會釀成災難。除了既有的觀念外，我們應該適時導入外部的新見解，保持這兩者的平衡，達到「雙環學習」的效果。

從這個角度來看，失去健全審查機能的千代田人壽，陷入了單環學習的困境，在這個階段就注定失敗了。

我們該學到的教訓

現在回過頭來嘲笑泡沫經濟期的決策，是一件很容易的事。不過，我們不妨回過頭來反省自己，在重要的決策場合時，有沒有盲目地做過一些不合理的決定？說穿了，人都只看到自己想看的東西，而且這種思維會越來越根深柢固。

所以，我們應該經常留意「雙環學習」的兩大要素。在保有個人主張的同時，持續站在客觀的角度懷疑自我，吸收新的知識與見解。讓自己的思維保持良性的循環，才不會做出愚蠢的決策。這就是泡沫經濟時代的「愚蠢」案例，所帶給我們的寶貴教訓。

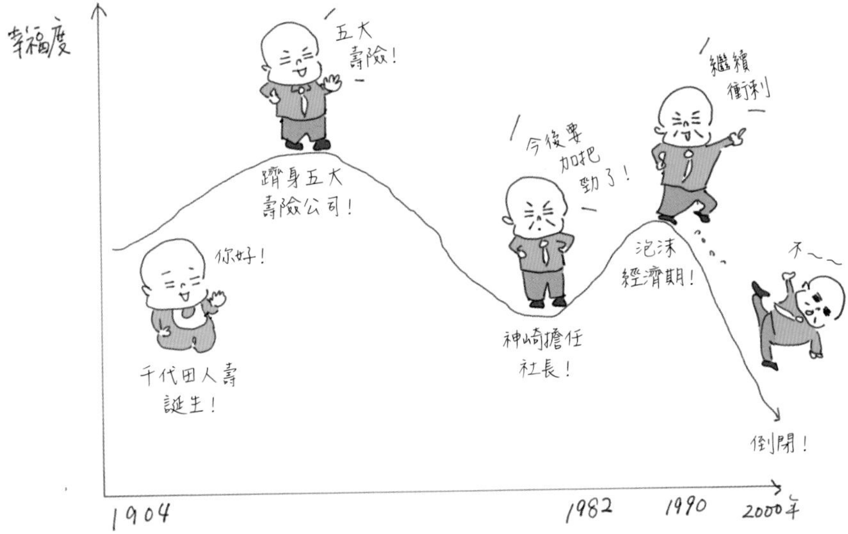
幸福度
五大壽險！
繼續衝刺
今後要加把勁了！
躋身五大壽險公司！
你好！
泡沫經濟期！
不～～
千代田人壽誕生！
神崎擔任社長！
倒閉！
1904
1982
1990
2000年

千代田人壽保險倒閉的三大教訓

01

思考一下自己的觀念是奠定在什麼基礎上。

02

試著懷疑那樣的基礎是否正確？有沒有過時的疑慮？

03

遇到顛覆自己想法的「醜陋現實」，要正視問題。

企業名稱	千代田人壽保險
創業年份	一九〇四年
倒閉年份	二〇〇〇年
倒閉型態	適用更生特例法
業種與主要業務	人壽保險業
負債總額	兩兆九千三百六十六億日圓
倒閉時的合約價值	三十三兆八千〇二十七億日圓
倒閉時的員工數	一萬三千〇一十三人
總公司所在地區	日本東京都目黑區

參考文獻：
「生命保険会社の経営破綻要因」 植村信保 保険学雑誌 2007 年 9 月
「新社長登場 神崎安太郎氏」 日経ビジネス 1982 年 5 月 17 日号
「戦後最大！千代田生命破綻に至る 3 カ月の真実」 週刊ダイヤモンド 2000 年 10 月 21 日号

沒有認清風險而倒閉

管理上有問題

「經營過於躁進」的類型

由於貪功躁進，超出了風險的承受極限

雷曼兄弟

那是一家
怎樣的企業？

本來是雷曼三兄弟的日用品商行，後來發展為投資銀行

一八四四年，猶太移民亨利・雷曼從巴伐利亞王國移居美國阿拉巴馬州的小鄉鎮，經營一家小型的日用品雜貨店。之後，二弟以馬力和三弟馬雅也來投靠大哥，三兄弟一起從商，因此公司取名為「雷曼兄弟」，踏出了新的里程碑。後來，美國的棉花價格暴漲，雷曼兄弟接受客戶以棉花付帳。於是，雷曼兄弟從單純的日用品店，轉變為棉花的交易和仲介商。

一八五五年，亨利感染黃熱病身亡，二弟以馬力繼承大哥的衣缽，當時紐約已經逐漸成為美國的商業中心，以馬力在一八五八年，把總公司遷往紐約，擴大事業版圖。一八七〇年紐約棉花交易所成立，以馬力擔任交易所的董事，廣泛交易咖啡、砂糖、可可、石油等生活必需品。另外，以馬力還投入鐵路建設的債券市場，對鐵路建設做出了資金上的貢獻。

那時候南北戰爭剛打完，基礎建設的投資將快速刺激美國的經濟成長。以馬

力生在那樣的時代，認為美國要邁向近代化，肯定更需要穩定的資金供給，就跟鐵路建設一樣。所以，他慢慢轉型為現代人所說的「投資銀行」。一開始雷曼兄弟只是移民經營的小型雜貨店，到了十九世紀末，雷曼兄弟逐漸成為我們熟知的巨大投資銀行，來配合美國企業的投資需求。

以馬力的兒子飛利浦，又強化了投資銀行的業務能力。飛利浦和高盛的第二代經營者亨利・高德曼是好朋友，單在投資銀行的業務方面，雷曼兄弟和高盛有十八年的合作關係，共同經手的客戶超過六十家，合約總數達到一百份以上。

順帶一提，在雙方合作的這些年頭，西爾斯百貨的羅森沃德社長，曾經向他們要求五百萬美元的銀行貸款。雷曼和高盛斷定西爾斯百貨可以透過股份調度資金，便說服羅森沃德社長答應這個方案。到頭來，西爾斯百貨用股票調度了一千萬美元，並用這筆資金在全美國推廣郵購服務。許多企業的成長，背後都有雷曼兄弟的支持，雷曼兄弟作為投資銀行的知名度也就越來越高了。

後來，爆發了全球性經濟恐慌，因此一九三三年美國制定了格拉斯・史蒂格爾法，將商業銀行和投資銀行區分開來。雷曼兄弟選擇投資銀行之路，成為投資銀行業的領頭羊。

可是，一九八〇年代雷曼兄弟陷入了混亂的局面。投資銀行業務雖然是雷曼兄弟的主流業務，但交易業務也貢獻了許多的利益，雙方的職員發生了內鬥。這場內鬥升級為經營高層的內鬥，也讓雷曼兄弟面臨瓦解的危機。

一九八四年，當時的格拉克斯曼社長被迫出售雷曼兄弟。雷曼兄弟以三億六千萬美元的價格，賣給了美國運通。

幾經波折後，雷曼兄弟在一九九四年，重新以雷曼兄弟控股的名義上市，名列美國投資銀行第四位。可惜跟前三名差距太大（前三名為高盛、摩根士丹利、美林證券），雷曼兄弟就這麼屈居人後，邁入二十一世紀。

何以淪落到倒閉的下場？

投入高風險、高報酬的賭局，卻輸到無力償還

那麼，雷曼兄弟是用何種手法追趕前三名的投資銀行呢？答案就是「槓桿操作」。

過去以雷曼兄弟為首的投資銀行，主要從事服務客戶的業務。例如提供收購

的建議、代替保險公司或大型投資機構買賣股票和債券等等。收益來自「手續費用」，賺手續費的風險並不高，但得不到多大的報酬，更不可能勝過前三名。

於是，雷曼兄弟把重心放在證券自營業務上，也就是自行出資操作股票或債券。不過，光靠自有資金賺不了大錢，雷曼兄弟便從市場調度資金，進行槓桿操作來賺取龐大獲利。

不用拿賭博來舉例，各位應該也明白借他人資金來投資，是一種高風險、高報酬的投資行為。在雷曼兄弟快要倒閉的時候，自有資金大約兩百三十億美元，但保有的股票和債券總額高達七千億美元，槓桿比率將近三十倍。當然，那個時候利息不高，借調資金的難度也比較低。再者，投資銀行職員的薪資多半採用績效制，只要短期內操作獲利，收入就會有極大的成長。

這些因素和背景相結合後，雷曼兄弟就像失去煞車的車子一樣，開始瘋狂採用高風險的投資策略。有錢賺大家自然不會有意見，可是一旦賠錢，問題就會浮上檯面。後來，操作槓桿達到三十六倍的貝爾斯登投資銀行爆發經營危機，二〇〇八年三月被JP摩根收購；半年後的九月，雷曼兄弟就申請破產保護法了。

相信各位都還記得，總資產高達七千億美元的破產悲劇，對市場帶來了多大的影響。這場金融風暴，甚至冠上了「雷曼」之名，當初移民阿拉巴馬州的亨利・雷曼，一開始只是經營一家小型日用品店，他應該作夢也沒想到，自家人的名字會這樣遺臭萬年吧。

到底哪裡做錯了？

在不了解風險的狀態下，盲目追求獲利

當時，雷曼兄弟和其他投資銀行承擔的究竟是怎樣的風險？其實，那是非常複雜的金融商品，幾乎沒有人知道那些商品的內涵。就算是一些看起來風險不高的金融商品，實際了解後就會發現那些都是信用堪慮的垃圾商品。大量的垃圾商品透過「證券化」的金融手法，再加上怠忽職守的評等機構，就被包裝得美輪美奐了。

連當事人都不了解商品的風險，為何精於此道的高手會一腳陷進去呢？簡單說，就是因為看到其他人賺錢，所以自己也想撈一把的心態。大家雖然不清楚商品的風險，但又害怕賺不到會吃大虧。有些讀者可能會想，難道完全沒有人發現

其中的風險嗎？很遺憾，人類就是會犯下這種「集體失能」的錯誤。

社會心理學家歐文・賈尼斯表示，這種集體失能的狀態又稱為「團體迷思」。當我們獨自思考的時候，會發現一些顯而易見的問題，但一群人共同思考的時候，我們只會把麻煩的事情交給其他人來思考。同時，人多還有壯膽的效果，於是就產生了放棄思考的舉動。

雷曼兄弟過度的獎勵機制，又促使底下的員工放棄思考。其實只要冷靜下來反省一下，就會發現很多的問題，但每一位當事人置身在群體中，就會受到失能的系統影響，而在短期內放棄思考。

我們該學到的教訓

想當然，這樣的狀況並非雷曼兄弟獨有，當時美國的金融機構都大同小異，只是剛好雷曼兄弟抽到倒閉的鬼牌罷了。

更進一步來探討，也不是只有當時的金融機構如此，我們生活周遭就有許多「集體放棄思考」的事情。相信各位也曾經對一些奇怪的狀況視而不見，好比大家都在做一樣的事情，所以沒人敢說破；業界過去的習慣和潛規則，也沒有人敢違背。事實上，這種視而不見的情況就隱藏著風險。

如果各位抱著事不關己的心態，認為雷曼風暴純粹是海外金融機構失控的案例，那麼這是一件很可惜的事。人類一旦群聚在一起，就會變成非常愚蠢的生物，不把眼前的風險當一回事，這才是雷曼兄弟告訴我們的教訓。

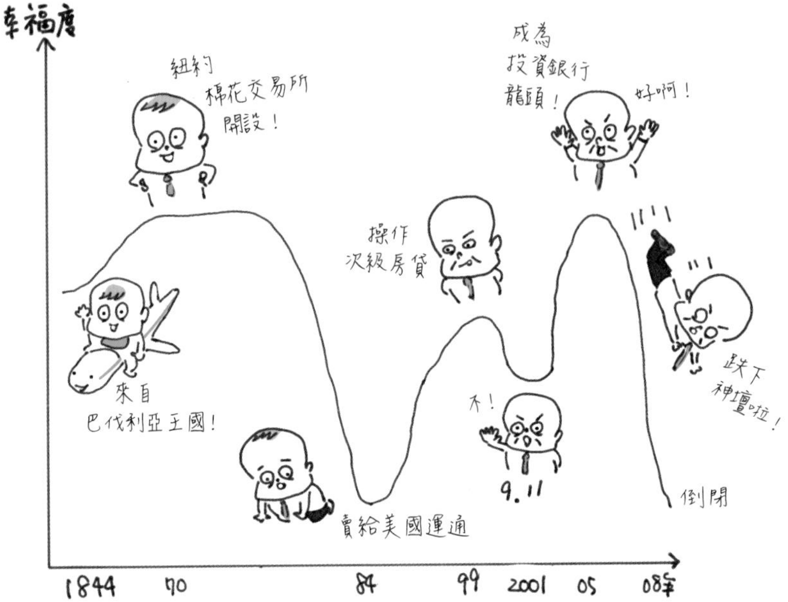

雷曼兄弟倒閉的三大教訓

01

思考一下，自己是否因循苟且、盲目地去做某一件事。

02

調查清楚自己承擔的風險，以及當中的架構。

03

在團體中遇到問題時，不要依賴他人，把麻煩事丟給其他人處理。

企業名稱	雷曼兄弟
創業年份	一八四四年
倒閉年份	二〇〇八年
倒閉型態	適用《美國法典》第十一章（重整型處理手續）
業種與主要業務	金融業、保險業、金融商品交易、商品期貨交易
負債總額	六千一百三十億美元
倒閉時的營業額	五百九十億又三百萬美元（二〇〇七年度數據）
倒閉時的員工數	兩萬八千五百五十六人 （截至二〇〇七年十一月三十日）
總公司所在地區	美國紐約州紐約市

參考文獻：

Lehman Brothers, by Tom Nochplas, David Chen Harvard Business School

『12 大事件でよむ現代金融入門』 倉都康行 ダイヤモンド社

Encyclopedia of Global Bankruptcy Company No. 019

願景太不切實際
而倒閉

管理上有問題

「管理太鬆散」的類型

管理方式太粗糙、沒條理

MYCAL

那是一家怎樣的企業？

開創「時間消費型」商城的先驅

一九六三年，大阪天神橋筋商店街的「SELF鳩屋」和千林商店街的「岡本商店」，這兩家服飾店聯合西裝行「希望」和京都的「大和小林商店」，共同組成「Nichii」綜合超市。這是日本量販業首次大型合併，相傳「Nichii」一詞是「日本衣料」或「日本一心」的簡稱。「SELF鳩屋」的社長西端行雄擔任第一任社長，剩下的三人擔任副社長。

四家公司一開始有十二間店面，每年營收高達二十七億日圓，之後持續併購其他企業，一九七二年在全國有一百二十九家店面，每年營收突破一千億日圓。到了一九七四年，終於達成了股票上市的目標（大阪證券交易所第二部市場）。

當年是綜合超市的全盛時期，正好日本又處於高度成長期，一九六〇年代誕生的綜合超市應用「連鎖店理論」（總公司大量採購相同商品，分配到各連鎖店便宜出售的方法），取代百貨公司成為零售業的主角。一九七二年，大榮的營收超越三越，成為零售業龍頭。Nichii的成長期剛好遇上這樣的時代背景，但勞苦功高的第一任社長去世後，Nichii也面臨了轉機。

一九八二年，「大和小林商店」的小林敏峯繼承社長大位，無奈超市業已進入寒冬時期。其他大型超市的收益銳減，Nichii也不例外。

小林社長決定擺脫超市業務，並在全國各地推出時裝專賣店「ＶＩＶＲＥ」和生活百貨店「ＳＡＴＹ」，前者以大都市的年輕人為客群，後者則以郊外的新世代家庭為客群。小林社長在一九八八年將集團改名為「ＭＹＣＡＬ ＧＲＯＵＰ」，並做出了「ＭＹＣＡＬ宣言」。

ＭＹＣＡＬ是一整段英文Young &Young Mind Casual Amenity Life的縮寫，意思是「年輕人和心態年輕的人所享有的舒適生活」。換句話說，新的經營理念就是要支援老中青客群的不同生活型態。未來不做薄利多銷的生意，要創造新的生活和城市型態，蛻變為生活文化產業。改名為ＭＹＣＡＬ有這麼一層挑戰的涵義在。

隔年一九八九年，ＭＹＣＡＬ跨出了象徵性的一步，推出ＭＹＣＡＬ本牧分店，這家店是以未來都市「ＭＹＣＡＬ ＴＯＷＮ」的構想設立的。屬於跟超市完全不同格局的巨大商業設施，生活百貨店SATY為主要店鋪，另外還設有電影院、健身房、汽車銷售據點、金融機構等等，是一種可以讓消費者殺時間的購物商城。

之後泡沫經濟崩潰，房地產的價格持續探底，該集團還是積極投資MYCAL TOWN。一九九五年推出MYCAL桑名分店，九七年推出MYCAL明石分店，九八年推出MYCAL大連商場，九九年推出MYCAL小樽分店，投資幾乎未曾中斷。MYCAL小樽分店的投資額，甚至超過六百億日圓。

就這樣，MYCAL成功蛻變為大型的購物商城事業。

何以淪落到倒閉的下場？

追求高品質的大型店鋪不符合消費者需求

MYCAL TOWN一開始推出帶來很大的話題，但這股風潮沒有維持太久。雖然推出分店十分積極，但一九九〇年代後半的MYCAL賣場並不熱絡。分店的面積很大，卻少有消費者想要購買的商品。

一九九〇年代後期是通貨緊縮的時代，優衣庫和百元商店大受歡迎。消費者追求的是便宜又精良的商品，而MYCAL追求的卻是高品質的服務，跟消費者的需求正好相反。

而且，複合式的商城多半以「自家店鋪」為主。換言之，入主MYCAL商城的店鋪，幾乎都是MYCAL的相關企業。到頭來，從「追求品質」的觀點上來看，MYCAL的服務對消費者來說也算不上頂級。

MYCAL之所以改變經營方向，就是察覺薄利多銷的量販模式有其極限，但MYCAL的戰略背棄了時代的潮流。一九九〇年代後期的MYCAL TOWN認列巨額的虧損，營收和賣場效率也不如預期，所有分店都出現龐大的赤字。

MYCAL的經營危機本來還只是市場上的耳語，直到一九九八年秋天，MYCAL按照美國會計基準認列了六百七十億元的虧損後，小道消息立刻傳得人盡皆知。可是，MYCAL真正開始裁員是到一九九九年十二月，也就是發表「MYCAL宣言」的小林社長逝世以後。小林社長一向獨攬大權，沒有人能改變他的經營方針。

後來，宇都宮浩太郎繼承社長大位，但當時的主要融資銀行第一勸業銀行，不願再提供融資。最後，MYCAL只好放棄主要融資銀行，轉而向外資金融機構求助。宇都宮試圖把分店權益證券化，來招募市場上的資金，無奈信用評等下降，股價又持續走跌，根本無法改變市場的評價，情況也一路惡化。

結果二〇〇一年九月申請民事再生法，十一月又申請企業更生法＊，在永旺集團的贊助下力求重生。集團負債總額高達一兆九千億日圓，是戰後倒閉規模第四大的企業，在零售和量販業則是最大規模的倒閉企業。

到底哪裡做錯了？

不斷打造硬體，卻沒有好的軟體

MYCAL倒閉的直接原因，和一九八〇年代後半推動「MYCAL TOWN」有關。這種打造「商城」的概念換來了龐大的債務，苦撐了十年才爆發出

＊一開始選擇民事再生法，沒有選擇企業更生法，主要是一部分幹部獨斷專行，他們希望沃爾瑪來收購自家企業。最終這個計畫也宣告失敗，才不得已選擇企業更生法，這其中的故事就暫且不表。

來。問題是，其他競爭對手如佳世客（永旺集團）和伊藤洋華堂，也都採用擴大店鋪的戰略。經營方針本身是正確的，何以本質上有如此大的差異呢？

最大的區別在於「行銷的細膩度」。不消說，除了擴大店鋪以外，公司必須在第一線分析消費者的需求，多方嘗試如何刺激消費者的買氣。

以伊藤洋華堂為例，他們不斷進行假設和驗證，淘汰賣相不佳的品項，確保一定的販賣數量。佳世客則是看準通縮需求，以壓倒性的低價販賣商品，努力營造出「自家賣場比任何對手都便宜」的品牌形象。

不過，ＭＹＣＡＬ只記得日本高度成長期的成功體驗，以為只要商品上架就賣得出去，始終擺脫不了粗糙的販賣手法。所謂的「ＭＹＣＡＬ宣言」也只是追求空泛的願景，卻沒有安排細緻的行銷策略。

到頭來在消費者眼中，就算商城蓋得再大，也還是抵不過「持續求新求變」的其他賣場。ＭＹＣＡＬ真正該做的不是一直蓋大型商城，而是努力做好每一家分店的軟體服務。

我們該學到的教訓

有時候，我們必須設計大型的戰略構想。在這種情況下，如何設計出一個不落俗套的新構想才是關鍵。換言之，你要有描繪願景的能力。

可是也不能忘記，大餅畫完了要付諸實踐才行。最好像動手術那樣，細膩地畫分好每一個執行步驟，澈底發揮意見反饋和改善的功能。通常談到戰略擬定，大家都只注意那個描繪願景的人，其實執行者才是真正的關鍵。

各位應該反思，自己是否有執行的能力？MYCAL的例子告訴我們，長期在基層安排縝密的行事策略，是一件非常重要的事。

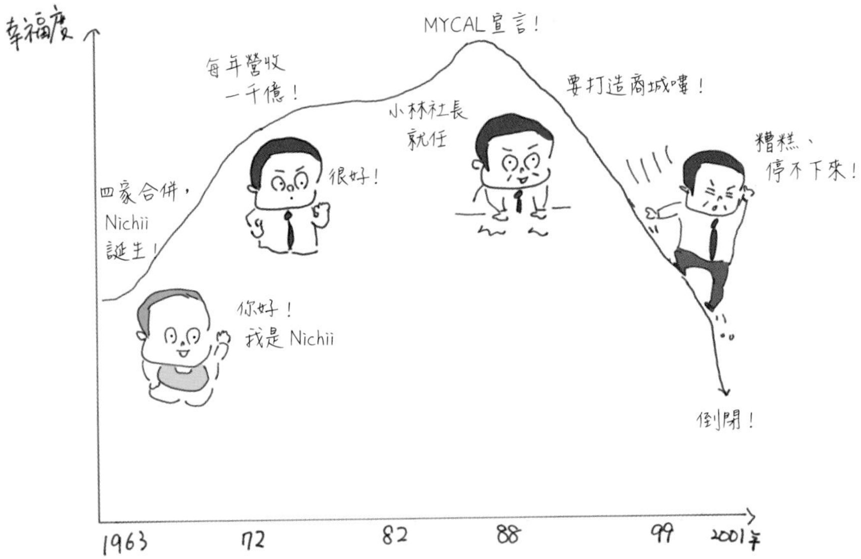
幸福度
MYCAL宣言！
每年營收
一千億！
要打造商城嘍！
小林社長
就任
很好！
糟糕、
停不下來！
四家合併，
Nichii
誕生！
你好！
我是 Nichii
倒閉！
1963
72
82
88
99
2001年

MYCAL倒閉的三大教訓

01

設計好大型的企畫案，也要安排細膩且具體的執行程序。

02

了解顧客的反應，靈活更新企畫的內容。

03

除了褒獎構思的人以外，也別忘了讚賞執行的人。

企業名稱	MYCAL
創業年份	一九六三年
倒閉年份	二〇〇一年
倒閉型態	適用民事再生法、企業更生法
業種與主要業務	綜合零售業
負債總額	一兆九千億日圓（集團總額）
倒閉時的營業額	一兆七千兩百億日圓
倒閉時的員工數	兩萬〇一百七十八人
總公司所在地區	日本大阪府大阪市

參考文獻：
『ニチイ MYCAL グループの挑戦』 山崎聖文 ダイヤモンド社
『再生したる！　ドキュメント「マイカル復活」150 日』 加藤鉱 ビジネス社
「マイカルはなぜ泥沼にはまったか」 エコノミスト 2001 年 9 月 11 日号
「なぜマイカルは失敗したのか」 エコノミスト 2001 年 10 月 2 日号

缺乏紀律
而倒閉

管理上有問題

「管理太鬆散」的類型

管理方式太粗糙、沒條理

NOVA

那是一家
怎樣的企業？

以輕鬆活潑的方式召開英語會話課

ＮＯＶＡ是猿橋望在一九八一年成立的英語會話學校。猿橋曾經前往巴黎留學，立志成為一名學者，偶爾回國也都跟喜歡旅行的歐美朋友泡在一起。久而久之，他打算在各地成立這種交流社團，提供大家跟外國人接觸的機會。之所以創辦英語會話學校，主要是想替伙伴賺一點伙食費和車馬費，繼續維持社團營運，這便是ＮＯＶＡ成立的契機。

一開始ＮＯＶＡ的事業計畫，是在大阪的心齋橋和梅田開設教室，後來在企業國際化的浪潮下，事業逐漸上軌道，一九八六年嘗試在東京開設第三間學校（澀谷分校）。東京有各家老字號的英語會話教室，例如一九六二年成立的ＥＣＣ，還有一九七三年成立的ＧＩＯＳ和ＡＥＯＮ等等。ＮＯＶＡ的優勢在於超低的價位和輕鬆隨和的上課方式。

過去那些「學校型」的英語學校，只能在固定的日期和時間上課。ＮＯＶＡ

則採用全新的授課概念，學生上課就跟參加社團一樣輕鬆有趣，而且可以自由預約時間，就好比跟朋友約時間碰面一樣。這樣的概念在市場上大受歡迎，營收和據點數量每年成長兩倍，一九九〇年正式成為股份有限公司。創立十年後，一九九一年營收高達一百二十億日圓，學生人數有六萬人之多，關東和關西的分校共有八十七間。

NOVA課程便宜的祕訣在於，學生可以直接簽下兩到三年的長期契約，購入大量的英語會話課程。學生事先購入大量課程，就能減少招生的成本，壓低授課的費用。其他競爭者採用每月付費的制度，因此要一直投入招生成本，吸引學生持續來上課，NOVA和其他競爭者的價格機制完全不一樣。不過，對消費者來說「明顯比較便宜的單價」才是重點，其他競爭者無法說明彼此的價格為何有倍數以上的差異，只好不斷想方設法，拉低課程的單價。

學生簽下長期契約後，NOVA就拿預付款積極拓展分店，花錢買電視廣告。一九九二年NOVA開始打廣告，並以獨特的風格推出許多膾炙人口的作品。廣告標語「到車站前留學」也幫NOVA打出了響亮的知名度，雖然一九九五年英語會話浪潮退燒，但NOVA的學生超過二十五萬人，規模勝過了

ECC和GIOS等大型補習班，成為業界龍頭。

NOVA穩居第一寶座，一九九六年首次公開募股（登上JASDAQ），這也是業界有史以來的創舉。一九九七年NOVA活用網路，推出了全新的授課系統，號稱「到客廳留學」，學生可以在家學習英文。NOVA做出新的對策因應網路普及，乍看之下營運堅如磐石。

其實在那時候，毀滅的腳步聲已經悄然逼近了。

何以淪落到倒閉的下場？

一再發生契約問題，轉眼間就倒閉

一直到二〇〇五年，NOVA的問題才慢慢浮上檯面。招生人數大幅低於預期，帳面上也開始出現赤字。當年，NOVA還在廣告上推出了「NOVA兔」這個紅極一時的吉祥物，到九月底為止，分店迅速擴張到九百七十家。

可是，從二〇〇三年開始，NOVA分店數量增加了一・六倍，學生數量卻只上升了百分之九左右。主要原因是開設分店缺乏規畫，很多分店都開在附近，彼此互相競爭；而且分店的數量增加太快，師資和員工的數量趕不上。顯然NOVA的成長速度過快，超出了他們的管理能力。

然而，這當中還有更根本的問題。從那個時候起，消費者開始對NOVA抱有疑慮，也降低了簽約的意願。人們擔心是否真能預約到上課時間？換句話說，很多學生買下大量便宜的課程，但講師人數不夠預約不到上課時間。

更糟糕的是，心生不滿的學生要求解約時，NOVA卻用不一樣的計費方式，大幅減少消費者該拿到的退款。實際上，各地區都有退款的訴訟案件發生，國民生活中心每年就接到一千件以上的投訴。東京都和經濟產業省認定事態嚴重，二〇〇七年二月開始介入調查。

於是，NOVA迅速失去了商譽，媒體也連日報導NOVA惡劣的欺騙手法。例如，明明一整年都有優惠，卻在廣告上欺騙消費者優惠期間有限，想藉此吸引學生趕快報名。也有消費者還在解約期限內，NOVA卻欺騙消費者無法解約等等。

二〇〇七年四月，最高法院判決NOVA的契約無效，理由是違反特定商業交易法。到了六月，介入調查的結果也表示，NOVA違反特定商業交易法，經濟產業省勒令長期契約和部分業務停止半年，連日的報導加上業務停止的處分下達後，消費者也紛紛要求解約。

事已至此，猿橋社長再也無力挽回頹勢，現金流也迅速倒轉，資金一下子就耗盡了。薪水遲遲發不出來，講師和員工也一一離去。NOVA只好在二〇〇七年十月二十六日，申請企業更生法，榮耀不到短短數年就宣告結束了。

到底
哪裡做錯了？

預付制度缺乏規律，最終陷入墮落的深淵

NOVA失敗的主因，在於搞混了「預付制度」的重點。從現金流的層面來看，在提供服務之前先收取消費者的預付款，會比之後收錢更有利。

不過，這種制度容易讓人「墮落」。換句話說，商家只要想方設法騙到契約就好，不必顧及消費者的滿意度。尤其，有不少客人課程上到一半就退出，NOVA可以用少數的師資來營運會話教室。這種高利潤的機制，也很容易誘使企業墮落。

有鑑於此，採用預付制度的企業，更應該在管理程序中加入「自律機制」。具體來說，要把顧客的滿意度當成明確的經營指標，嚴格督促那些不顧滿意度的教師或分店，及早提出改善方案。

遺憾的是，NOVA缺乏的正是「規律」，他們只知道打廣告和拓展分店，來增加學生人數和現金流量。於是，第一線人員只顧著搶下新客戶，替公司增加財源，忽略已經簽約的客戶有何需求，也沒有認真應付客訴。服務的態度墮落，最終就像定時炸彈一樣，重創NOVA的營運。

NOVA倒閉以後，猿橋社長奢華的辦公室也被報導出來了。其辦公室的內部裝潢不下於一流的旅館，裡面的房間還有三溫暖和床鋪。所謂的預付制度，只是消費者把錢暫時交給業者保管而已，但多數的商家見錢眼開，誤以為那是自己的錢，從此失去了自制力。當猿橋社長打造出奢華的辦公室，放棄了規律的經營模式，就注定會是這樣的下場了。

我們該學到的教訓

不消說，紀律是經商時非常重要的一環。現金流和紀律是息息相關的，但多數人都沒有意識到這一點。做任何生意都需要現金，現金有可能來自銀行、股東、客戶，不管現金的來源是什麼，我們在經商時都應該顧慮提供現金的對象。

這個案例告訴我們，平時應該多思考現金的來源，以及經商所需的紀律。

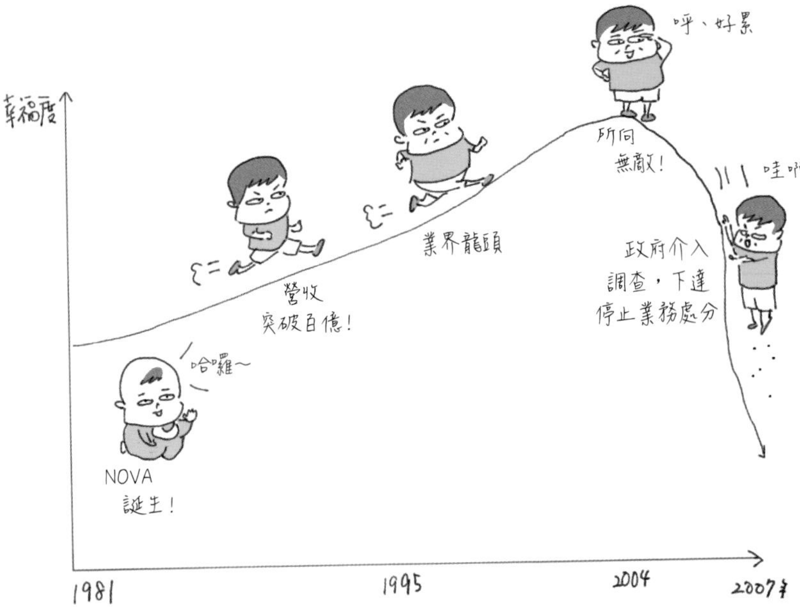
幸福度
呼、好累
所向無敵！
哇啊啊
業界龍頭
政府介入調查，下達停止業務處分
營收突破百億！
哈囉～
NOVA誕生！
1981
1995
2004
2007年

NOVA倒閉的三大教訓

01

實際調查一下，自家企業的資金由誰提供。

02

確認組織是否紀律嚴明，有沒有辦法快速因應客訴。

03

確認組織是否有墮落的跡象，例如與服務客戶無關的豪華設施。

企業名稱	NOVA
創業年份	一九八一年
倒閉年份	二〇〇七年
倒閉型態	適用企業更生法
業種與主要業務	服務業
負債總額	四百三十九億日圓
倒閉時的營業額	六百九十八億一千兩百萬日圓（二〇〇六年）
倒閉時的員工數	約兩百人
總公司所在地區	日本大阪府大阪市

參考文獻：

「NOVA が仕掛ける英語で儲ける方法－『1 強』の理由」 週刊エコノミスト 2003 年 10 月 28 日号

「［関西起業家列伝］猿橋望・NOVA 代表（上）（連載）」 大阪読売新聞 2004 年 11 月 28 日

「NOVA、初の赤字転落―『料金安すぎ』収益を圧迫、教室数拡大、自社競合招く。」 日経ＭＪ 2006 年 6 月 2 日

「（聞きたい語りたい）赤字転落、『駅前留学』今後は？　NOVA・猿橋望代表」 朝日新聞 2006 年 7 月 19 日

「敗軍の将、兵を語る 猿橋望氏『駅前留学』解約トラブルに誤解」 日経ビジネス 2007 年 3 月 5 日号

經營管理太鬆散而倒閉

管理上有問題

「管理太鬆散」的類型

管理方式太粗糙、沒條理

林原

那是一家
怎樣的企業？

從糖漿公司成長為超優良生技公司

一八八三年，林原克太郎在岡山地區成立了糖漿公司林原。戰後，第二代社長林原一郎發揮優秀的經營手腕，讓林原壯大為國內最大的糖漿和葡萄糖生產商。一郎以本業賺來的巨大財富，投資岡山車站前的土地和不動產，成為西日本屈指可數的不動產巨擘。一郎稱得上聲譽卓絕的經營者，無奈一九六一年的時候去世，年僅五十二歲。

當年臨危受命的繼承人，是十九歲的大學生林原健。林原健繼承大位後，在經營上遇到了極大的困難，公司的糖漿和葡萄糖本業，面臨價格下跌的壓力。於是，林原健在一九六六年做出了重大的決定，也就是以澱粉化學的基礎研究，生產高附加價值的商品，不再依賴糖漿和葡萄糖這一類低附加價值的商品。澱粉屬於多醣類，用酵素細分其分子構造能生產各種醣類，因此林原健澈底投資研發。

一九六八年，林原成功生產出高純度的麥芽糖，並以高單價賣給醫療機構，業績一口氣成長許多。林原健認定基礎研究大有可為，便在弟弟林原靖的支援下，將大量資金用於研究開發，林原靖同時也是該公司的董事，負責掌管經營相關的大小事。一九八〇年代，林原成功開發出「干擾素」的量產技術，一九九〇年代則開發出「海藻糖」。進入二十一世紀後，更推出「普魯藍」等多項廣受好評的商品，蛻變為一家快速成長的「生技公司」。

公司正值成長期的時候，媒體也把林原當成家族經營的典範來報導，其獨特的經營手法也廣受矚目，例如上行下效的研發決策，還有大量的研發預算分配等等，這都是普通經營者模仿不來的手法。

不過，這一家來自地方上的優良生技公司，內部也隱藏著危機。

何以淪落到倒閉的下場？

矯飾財報，得不到銀行融資而倒閉

二〇一〇年，林原的營業額高達兩百八十億日圓。然而，林原和集團的其他核心企業，借貸額度高達一千三百億日圓。由於林原並非上市企業，資金借調主要依靠銀行，但這種借貸額度還是太多了。

當然，林原也自有一套道理。據說在泡沫經濟時期，林原的不動產價值將近一兆日圓，泡沫經濟崩潰後雖然地價下跌，但至少也有一千到兩千億日圓的價值。事業本身很順利，又有不動產這顆定心丸，這便是林原有恃無恐的依據。

可是，二〇一〇年底，林原作帳的行徑被揭穿了。林原長年來竄改財報，以便跟銀行借款時可以增加額度。基本做法是虛報營利和盈餘，掩飾帳面上的赤字和債務增加。事實上一九九〇年代以後，集團中有四家核心企業，都處於債務過於龐大的狀態。

發現林原作帳的，分別是主要合作銀行中國銀行，以及次要合作銀行住友信託銀行。中國銀行提供了四百五十億日圓的融資額度，住友信託提供了三百億日圓的融資額度，兩家銀行迅速要求林原追加擔保品。然而，林原準備不出相符的擔保品，他們甚至主張公司本身營運沒問題，只要等個幾年就可以得到回報。想當然，銀行沒有接受這樣的說法。

銀行對林原抱有強烈的不信任感，雙方交涉沒有進展，終於在二〇一一年二月，透過企業更生法進行公開整頓。林原矯飾財報被揭穿，才短短兩個月就倒閉，這起事件也震驚了整個社會。

到底
哪裡做錯了？

觀念偏差，管理制度太過鬆散

那麼，被視為優良企業的林原為何要做假帳呢？主要原因有三，一是經營管理太鬆散，二是公司治理的制度不夠嚴謹，三是觀念偏差所致。

首先，林原的經營層認為，萬一自家企業出了什麼差錯，也有不動產能依靠。這種絕對的自信，就是經營管理太鬆散的主因。

再來，研究開發需要投入大量的資金，林原並非公開企業，資金來源主要依靠銀行。照理說，本來林原應該仔細精算，自己到底能跟銀行借多少？何時又能清償完畢？可是，林原健（還有銀行）都太相信土地的價值，沒有認真審查生技事業的收支。結果，公司到了快要倒閉的時候，才發現原來不動產根本不足以償債。

不消說，這都是公司治理不夠嚴謹，才會放任危機發生。身為社長的林原健，把會計和帳務工作全交給弟弟林原靖處理，自己絲毫沒有接觸。公司也沒設置會計監察人，林原健自己也曾經說過，他連每年的損益表和借貸資料都懶得看，更遑論每個月的經營數據了；他知道自己是一個失格的社長，但當初確實是用這種方法經營公司的。換句話說，林原的會計和帳務根本是黑箱狀態。

在我們一般人的觀念中，林原的管理制度鬆散到不可思議的程度，為什麼這樣的管理制度沒被提出檢討呢？這又跟林原的觀念偏差有關係。上述的經營缺失浮上檯面後，董事林原靖依然大言不慚地表示，與其重視每一年的財報，不如站在更宏觀的角度，慢慢改善就好；否則根本無法對抗其他大企業，也不可能在世界舞台上發光發熱。這樣的觀念偏差，顯然已經偏離了一般的商業理論。從這段話不難看出林原的自負，畢竟這個地方上的中小企業，撐過了混亂艱苦的時期，靠著獨自的經營手法成長為優良企業，況且他們也相信林原的產品，對許多企業都有極大的影響力。

林原以獨特的手法創造出優良企業的假象，實際上卻是一家經營不善的企業。

我們該學到的教訓

林原推出了各種高附加價值的獨特產品，例如前面提到的干擾素等等。創造優良商品的原動力，來自於林原健的研究開發能力和創造力，這些都是罕見的寶貴能力，也是值得讚賞的能力。

遺憾的是，林原健只是一個優秀的研究者，而不是一個優秀的經營者。他本人也表示，自己根本不想當社長，只想做喜歡的研究，想必那也是他的真心話。確實，每個人都有自己的偏好和專長，如果林原有一個真正的經營人才，可以客觀地看待經營，或許林原健的研究才能就會發揮得淋漓盡致。

換言之，林原的例子告訴我們「適才適任」的重要性。把錯誤的人才放在錯誤的位置，對當事人和企業都是一種不幸，這個故事就是在提醒我們這個理所當然的道理。

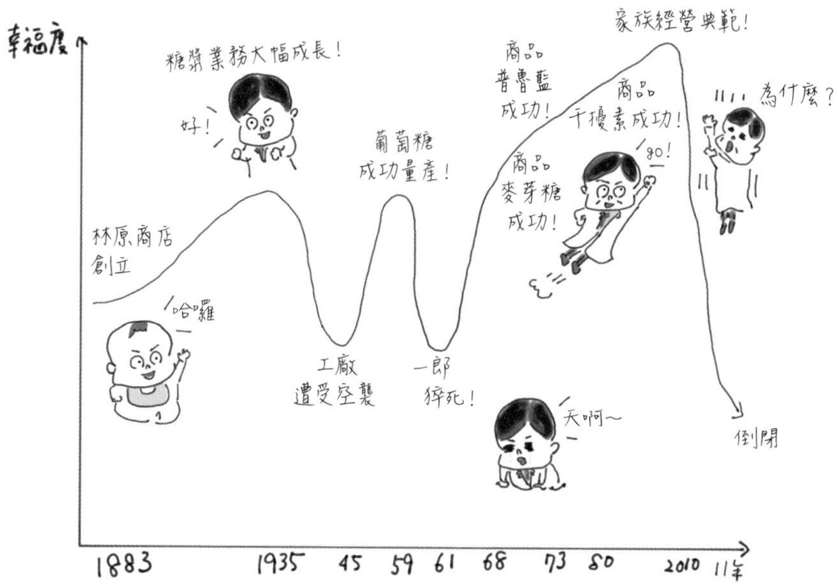
幸福度
糖漿業務大幅成長！
好！
葡萄糖成功量產！
商品普魯藍成功！
家族經營典範！
商品干擾素成功！
GO！
為什麼？
商品麥芽糖成功！
林原商店創立
哈囉
工廠遭受空襲
一郎猝死！
天啊～
倒閉
1883
1935
45
59
61
68
73
80
2010
11年

林原倒閉的三大教訓

01

用偷吃步的方式獲得資金，短期雖然有利，但長期來看容易腐敗。

02

長年來，組織奉為圭臬的經營觀念，在新時代不見得管用。

03

請確認一下，組織的人才安排是否「適才適任」。

企業名稱	林原
創業年份	一八八三年
倒閉年份	二〇一一年
倒閉型態	適用企業更生法
業種與主要業務	開發、製造、販賣食品原料、醫藥品原料、化妝品原料、健康食品原料、機能性色素商品。
負債總額	兩千三百二十八億日圓
倒閉時的營業額	約七百億日圓
倒閉時的員工數	約一千人
總公司所在地區	岡山

參考文獻：
『林原家　同族経営への警鐘』林原健 日経 BP
『破綻　バイオ企業・林原の真実』林原靖 ワック
『背信　銀行・弁護士の黒い画策』林原靖 ワック

只攻不守
而倒閉

管理上有問題

「管理太鬆散」的類型

管理方式太粗糙、沒條理

天馬航空

那是一家怎樣的企業？

趁著政府放寬航空業規定，打入寡占業界的破壞者

一九九六年，HIS旅行社的創辦人澤田秀雄和創投客大河原順一，對於成立一家新的航空公司互有共識，因此成立了天馬航空這家新創航空企業。過去三十五年來，航空業一向由三大航空公司寡占。後來羽田機場開設了新跑道，政府也放寬了航空業的限制，二人共同成立航空公司的願景也實現了。

一九九八年獲得營業許可後，天馬航空將羽田到福岡的航線價格減少一半，成為航空界競爭時代的先驅。天馬航空仿效美國的廉航，用簡化服務和拉低價格的手法，讓平均搭乘率達到八成以上，創造出一套「便宜又能賺大錢」的營運模式。

可惜好景不常，一九九八年十二月，共同創辦人大河原辭去社長一職，理由是雙方在經營方針上有歧見。此外，天馬航空一天只有三趟班次，其他大型航空公司看準這一點，降低前後班次的價格來搶占客源，天馬航空的搭乘率很快就掉

到五成以下，收入不足以支出營運成本，陷入了赤字的窘境。雖然二〇〇〇年五月成功在東京MOTHERS上市，但從那一年開始債務持續增加，僅能勉強維持營運。

之後，天馬航空把外包的地勤業務拿回來自己做，試圖刪減營運成本。不料二〇〇一年發生恐怖攻擊事件，天馬航空持續赤字、連年虧損。在找不到出資對象的危機時刻，出面拯救天馬航空的，就是網路新創企業ZERO的創辦人，西久保慎一會長。

當時正值網路泡沫期，身為IT新貴的西久保接受澤田會長的增資要求，以個人身分投資三十五億日圓。當上最大股東的西久保，二〇〇四年一月又接受澤田會長的要求，擔任為期一年的社長。

東京MOTHERS有規定，連續三年債務超過上限的企業必須下市，西久保的援助勉強讓天馬航空逃過一劫。西久保堪稱是危機時的救世主，他登上經營舞台以後，天馬航空的營運也揭開了新的一幕。

二〇〇四年十月會計決算，終於留下創業以來的第一次盈餘。二〇〇四年十一月，西久保決定讓天馬航空併購自己創立的ZERO，為期一年的任職約定也取消。西久保徹底斬斷自己的退路，開始專注經營天馬航空。

在航空業要用低價路線取勝，必須盡可能削減成本，同時維持高水準的搭乘率才行。為了滿足這個單純的勝利公式，西久保引進油耗較少的波音七三七客機，並盡可能減少服務的項目來降低成本。另外，從羽田到福岡、神戶、札幌、那霸的航線需求較高，西久保以這幾條航線為主力，用低價策略實現「高搭乘率」的目標，成功締造高收益的營運體制。

二〇一二年，天馬航空的營收高達八百〇二億日圓，營業利益有一百五十二億日圓，營業利益率達到百分之十九，是世界第三高的航空公司。來自不同行業的經營者，提出簡單的手法解決航空業複雜的經營課題，並用極高的收益證實自己的方法有效。

二〇一二年市場還對天馬航空抱有高度的期待，大家都想知道，天馬航空留下了這麼好的成績，接下來會進行什麼樣的全新挑戰？

何以淪落到倒閉的下場？

追求跟其他對手不同的市場定位，不料適得其反

天馬航空表面上一帆風順，其實二〇一二年已經遭遇了瓶頸。二〇一二年被稱為「廉航元年」，日本亞洲航空、捷星日本航空、樂桃航空等廉航也紛紛加入戰局。

當時天馬航空載運一名乘客每公里的成本是八・四日圓（全日空為十二・九日圓，日本航空為十一・四日圓）。相對地，日本亞洲航空付給機場的起降費較低，成本不足三日圓，可以說是壓倒性的超低成本。過去以低價策略取勝的天馬航空，被廉航逼得毫無優勢可言，必須在大型航空和廉航之間重新做市場定位。

在這混亂時局，西久保做出了一項豪賭，也就是加入長距離國際航線的競爭，長距離國際航線一直是天馬航空的目標。西久保的決策相當果決，他購買了六架超大型雙層空中巴士A380，每架要價三百億日圓以上。這六架空中巴士專門直飛倫敦、紐約、法蘭克福等歐美主要都市，而且還廢除了經濟艙，全部改

用商務艙（或高級經濟艙）。跟那些大型航空公司的商務艙相比，價格只有一半，算是非常大膽的戰略。A380雖然價格昂貴，但有四百多個座位，只要維持高度的搭乘率，就能一口氣降低成本，實現「便宜的長距離國際航線」，這是大型航空公司和廉航都模仿不來的市場定位。

除了國際線以外，西久保也決定搶占國內線的市場。由於廉航在搶食札幌和沖繩等觀光航線的大餅，西久保引進了十架中型的空中巴士A330，以豪華的客艙吸引客源，藉此做出不同的市場定位。

不過，這幾項賭上企業生命的策略，很快就出現了反效果。後來日圓大貶，燃料費用又大漲，大漲的燃料費用壓縮到營利。而日圓貶值又造成以美金支出的成本暴漲，例如租賃費用和新器材的引進費用等等。

在環境變化的衝擊下，天馬航空的資金周轉頓時陷入困境。過去天馬航空都是依賴股市調度資金，在關鍵時刻沒有可以仰賴的合作銀行，所以要不斷搶時間填補減少的資金。二〇一二年公司業績最好的時候，天馬航空的資金高達三百億日圓，為了跟廉航搶食國內市場，二〇一四年三月只剩下七十億日圓了。

二〇一四年七月，天馬航空終於要面對悲慘的命運。空中巴士公司認定天馬航空無力支付Ａ３８０的費用，解除了雙方的契約，並要求天馬航空支付七億美元的違約金（相當於八百四十億日圓）。想當然，天馬航空根本付不出這麼龐大的違約金，也因為這筆違約金，天馬航空的財報上被監察法人註記持續營運有疑慮，所以無法增資和獲得融資。

接下來，天馬航空便兵敗如山倒了。西久保持續和各家航空公司以及投資基金交涉，來確保天馬航空的營運資金。原先希望和日本航空共同營運，但日本航空二〇一〇年才申請破產保護，國土交通大臣否決了這項提議。全日空航空成了天馬航空最後的希望，可惜最終階段也一直談不妥。二〇一五年一月，天馬航空資金用盡，只好申請民事再生法了。

到底
哪裡做錯了？

短期太過躁進，長期又缺乏防守

站在事後分析的角度來看這個失敗的案例，我們可以說天馬航空的敗因，主要是挑戰時沒有量力而為，營運方式也太過勉強。不過，面對支配航空業的強大對手，還有那些趁勢崛起的廉航，西久保想出了「低價長距離國際航線」的策略，希望營運還不穩定的天馬航空，從此步上安定的軌道，這個策略本身並不差。再者，改變經營方向等於「重新做出企業的市場定位」，這本來就有很高的難度，有時候也確實需要一點強硬果敢的手段。

可是，天馬航空的敗因也不能用一句「運氣不好」帶過。經營航空公司，本來就有許多固定的先行支出，此外飛安事故、恐攻、傳染病、燃料上漲、匯率變動等「事件風險」，對營收也大有影響，倒閉機率必然會提高。至今有多數航空公司倒閉，可以說是這個業界必然的結局。

有鑑於此，防守戰略的正確性遠比進攻戰略的正確性重要。換句話說，在事件風險極高的業界打滾，如何因應意外狀況，還有事件風險發生時的最壞情況，這才是關鍵所在。

從這個觀點來看，天馬航空的事前準備和事後應對，都太注重「搶攻」，並沒有做好「防禦」。

在那個時間點遇到日圓貶值和燃料上漲，的確是運氣不好。可是，航空業很容易被出乎意料的事件影響，甚至一蹶不振。沒有做好「防禦」，光靠「進攻」

博取美名，也得不到歷久不衰的功業。從這一點不難想像，在航空業生存有多不容易。

我們該學到的教訓

這個例子讓我們了解「防守」的重要性，但不同業界的「攻守比例」各有差異。航空業的成本結構和事件風險，很容易影響到經營成敗，像這種業界特徵就比較講究「防守」的比重。

請各位思考一下，自己所處的業界講究怎樣的「攻守比例」？正視這個問題，對「攻守比例」有所警覺才是我要談的重點。否則，像天馬航空那樣誤判「攻守比例」，有可能導致重大的失敗。

尤其一向講究「進攻」的人，跳到重視「防守」的業界時容易大敗。有些行業的先行支出比較少，本質上又不太受到外部環境的影響，因此會產生一種「不畏懼失敗」的風氣，對失敗的容忍度也特別高，但那純粹是業界允許那樣的風氣產生。我們不能把失敗視為理所當然，而是要積極思考「攻守比例」的問題。

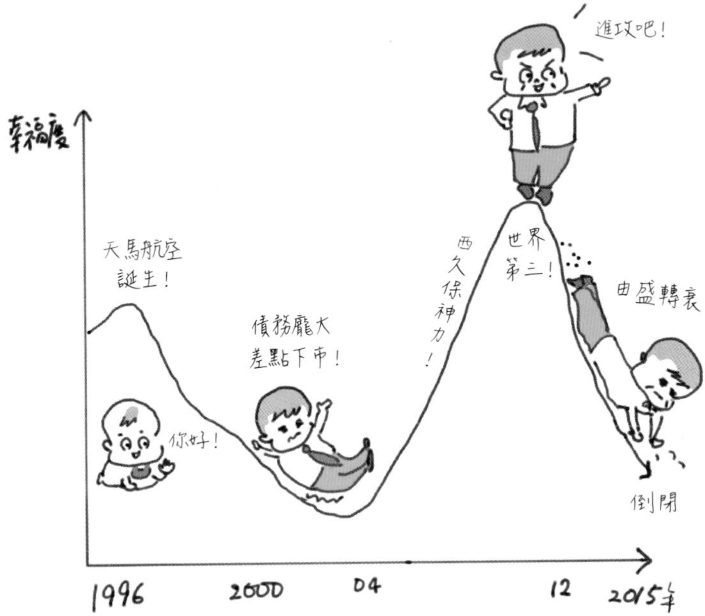

天馬航空倒閉的三大教訓

01

思考一下自己所在的行業，進攻（冒險）和防守（做好準備面對風險）哪一項比較重要？

02

只重視進攻而不重視防守，一遇到危機很有可能一蹶不振。

03

進攻人才和防守人才所需的技能不同，思考一下該多安排哪一類人才。

企業名稱	天馬航空
創業年份	一九九六年
倒閉年份	二〇一五年
倒閉型態	適用民事再生法
業種與主要業務	航空業
負債總額	七百一十億日圓
倒閉時的營業額	六百四十三億日圓
倒閉時的員工數	兩千兩百〇九人
總公司所在地區	日本東京都大田區

參考文獻：
「ドキュメント HIS 航空業界参入の衝撃」日経ビジネス 1996 年 12 月 2 日号
「赤字 40 億円・債務超過、安定飛行へ正念場」日経ビジネス 2000 年 3 月 13 日号
「LCC 参入の価格破壊」週刊ダイヤモンド 2011 年 11 月 19 日号
「エアラインサバイバル」エコノミスト 2012 年 7 月 31 日号
「資金繰りは綱渡り、再生は多難」日経ビジネス 2015 年 2 月 9 日号
「スカイマーク破綻」日本経済新聞 2015 年 2 月 10 日
「スカイマーク奪取の空中戦」週刊ダイヤモンド 2015 年 4 月 4 日号

經營過於單純化而倒閉

管理上有問題

「管理機能不健全」的類型

經營層不了解基層狀況，沒有發揮組織該有的機能

美國大陸航空

那是一家
怎樣的企業？

曾經盛極一時，被收購以後變得亂七八糟

一九二六年，沃特．瓦尼創立了聯合航空的前身瓦尼航空公司。一九三四年，瓦尼又跟路易斯．謬拉共同成立瓦尼快航。到了一九三六年，瓦尼快航被賣給羅伯．席克斯，隔年改名為「美國大陸航空」。

席克斯的經營手腕高超，美國大陸航空有了飛躍性的成長。一九五三年，席克斯收購了先鋒航空以後，美國大陸航空的營收在十年間成長十倍以上，從原先的六百萬美元成長到六千一百萬美元。

除了收購本身的效益以外，如此巨大的成就主要來自席克斯完美的品質管理，還有以客為尊的服務品質。席克斯將具體的行動方針，歸納成一套「勝利公式」，澈底灌輸給底下的每位員工。美國大陸航空創業近四十年，一直保持穩定成長。遺憾的是，美國大陸航空光榮的歷史到此為止，之後從一九七〇年代開始，美國大陸航空的命運有了極大的轉變。

當年，西南航空在德州境內提供低廉的票價，再加上吉米・卡特政權在一九七八年實行航空自由化政策，航空業的競爭激化，本來穩定的經營全部亂了套。由於業績迅速惡化，席克斯在一九八一年引咎辭職，把社長寶座讓給阿爾文・費德曼。

費德曼第一件工作，就是要阻止公司被併購。法蘭克・羅倫佐掌管的德州國際航空有意併購美國大陸航空。對美國大陸航空來說，羅倫佐是一個充滿恩怨情仇的對象。

羅倫佐在一九七二年收購經營惡化的德州國際航空，厲行減薪和裁員等手段，大幅提升公司的收益，堪稱是一名鐵血社長。他趁著政府放寬航空業的限制，接連收購國家航空、環球航空等經營不善的航空公司。羅倫佐的整頓手法主要仰賴強硬的成本刪減措施，因此風評並不好，被他列為併購目標的公司無不敬而遠之。

美國大陸航空被羅倫佐盯上後，勞資雙方齊心合作，想盡各種辦法避免併購。可惜最後功敗垂成，費德曼當上社長不到一年，還步上了自殺的悽慘下場。

一九八二年，美國大陸航空的營運處於混亂的狀態，赤字高達六千〇四十萬美元。羅倫佐惡意併購成功，掌握了美國大陸航空，美國大陸航空又面臨了一個新的悲劇。

何以淪落到倒閉的下場？

勞資間互不信任，最終自取滅亡

美國大陸航空被收購的隔年，也就是一九八三年的時候，羅倫佐使出了一招跌破眾人眼鏡的手法。當時美國大陸航空的現金還有兩千五百萬美元，羅倫佐卻申請破產保護，讓該公司倒閉。所有的班機停飛後，他暫時解雇一萬兩千名員工，並且重新雇用當中四千人，條件是工作量加倍，但薪水要減半。

不消說，羅倫佐的用意是要削弱工會的力量，取得薪資的控制權，畢竟薪資是主要的營運成本。重生的美國大陸航空，在一班老臣的協助下，才倒閉三天就重新營運了。這種刻意破產的強硬手法，引來工會強烈的不滿，剛上任的史蒂芬・沃爾夫社長引咎辭職。不過，羅倫佐澈底執行合理的營運方式，美國大陸航空當年的業績高達五千萬美元。

接下來，羅倫佐繼續併購其他航空公司。一九八七年，美國大陸航空收購了邊疆航空、人民快運航空、紐約航空，成為美國第三大航空公司，員工有三萬五千人。美國大陸航空從一家倒閉的企業，一躍成為全美最具代表性的航空公司。表面上美國大陸航空急速成長，但內在卻幾近崩潰。

想當然，這種手法會讓員工士氣低落到無以復加的地步，羅倫佐和員工之間的關係也差勁透頂。據說，羅倫佐的辦公室要另外加裝安全鎖和監視攝影機，而且他和工會的對立越演越烈，經常感受到生命威脅。他搭乘自家航空的時候，絕不會飲用已經打開的汽水。換句話說，羅倫佐的管理方式徹底毀滅了勞資雙方的信賴。

航空公司是服務業，員工不信任老闆的經營方式，航空公司不可能順利營運下去。美國大陸航空的老員工，以及其他被收購的三家公司的員工，整天害怕自己的飯碗不保，加薪的承諾也沒有實現，工作處於毫無幹勁的狀態。

到頭來，一九八七年認列了兩億五千八百萬美元的虧損，一九八八年認列了三億一千六百萬美元的虧損。羅倫佐心知大勢已去，拿了數百萬美元的離職津貼，便掛冠離去。

可是，羅倫佐離開後營運依舊沒有起色，波灣戰爭導致燃料費用大漲，美國大陸航空早已無力回天，終於在一九九〇年十二月，第二次申請破產保護。

到底
哪裡做錯了？

把複雜的經營過於單純化

其實這一則故事還有後話，第二次倒閉以後，一九九四年由戈登・貝修出任社長，成功重整了美國大陸航空，讓該公司成為經營重整的典範。一九九四年，美國大陸航空有兩億四百萬美元的虧損。貝修就任以後，一九九五年創造了兩億兩千四百萬美元的利潤，一九九六年更創下了五億五千六百萬美元的利潤。同一年，美國大陸航空在全球三百家航空公司中，獲選為年度最佳航空公司。

羅倫佐就任執行長以後，美國大陸航空幾乎沒有賺錢，貝修卻在短短幾年內讓該公司脫胎換骨，究竟雙方的差異在哪裡呢？

貝修訂出了所謂的「前進計畫」重整公司，這個計畫共有四大骨幹。第一大骨幹是「市場計畫」，也就是斬斷過去的陋習，專注營運有利潤的航線。第二大骨幹是「財務計畫」，主要是檢討營運相關的租金，創造大量的現金流。第三大骨幹是「商品計畫」，旨在實現顧客要求的服務品質。第四大骨幹是「員工計畫」，重點在恢復勞資間的信賴關係。這四大計畫顧及了「人力、財力、物力」，貝修同時執行這四大計畫，成功重整了美國大陸航空。

貝修和羅倫佐的經營差異非常明顯，簡單說，羅倫佐的經營方式過於單純化。他只從財力的角度來看待經營，尤其在經營美國大陸航空時，只有考量如何刪減成本。因為，刪減成本能在短期內創造利潤，提升股票的價值，再次進行新的併購，這就是他的勝利公式。

不過，經營不是那麼簡單的東西。看貝修的經營方式我們不難發現，經營就跟生物一樣參雜各種複雜的要素。羅倫佐或許是出於過去的經驗，認定經營是很單純的事情吧，這種錯誤的前提才是他最大的敗因。

我們該學到的教訓

站在事後分析的角度，大家通常只看到羅倫佐的愚蠢，以及愚蠢背後的傲慢。可是，同樣的道理套用到我們生活上的例子，你會發現有時候我們在一些小事上，也會犯下跟羅倫佐一樣的錯誤。

所謂一樣的錯誤，就是把眼前的問題看得太單純，以為自己只要用了某種方法，就可以無往不利。尤其，如果過去剛好有成功的經驗，我們就會依照過去的經驗，把本來很複雜的事情單純化。羅倫佐也是仗著過去重整營運的經驗，忠實執行自己單純的手法。

當我們使用這種單純化的手法，還自以為無往不利的時候，就要特別小心留意了。因為經營的一切現象都與人有關，不可能太過單純。把複雜的事情單純化，確實有助於理解，但我們應該要有健全的疑慮，多去懷疑單純的手法是否真的可行。

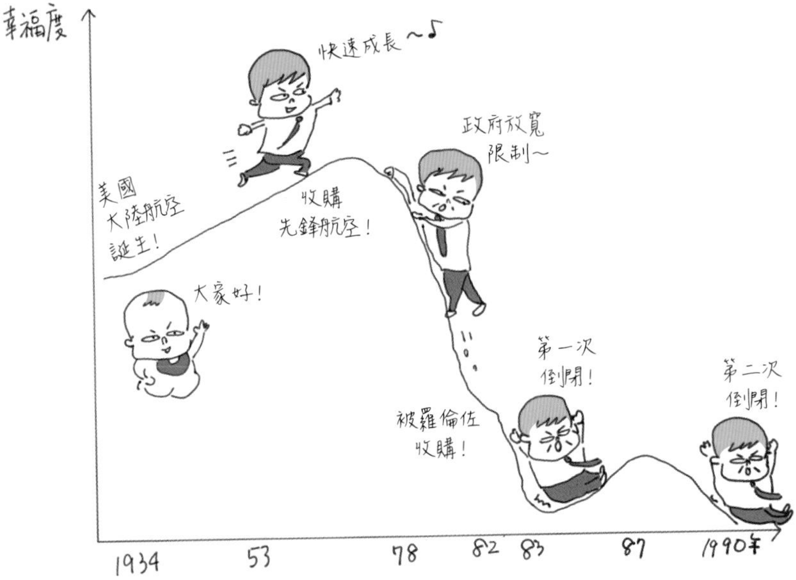

美國大陸航空倒閉的三大教訓

01

確認一下自家企業，有沒有把複雜的生意過度單純化？

02

經營就像複雜的生物一樣，只有傲慢的人，才會以為有一套絕對管用的辦法。

03

我們可以有一套自己的勝利公式，但也要合理懷疑，自己的勝利公式是否在任何情況下都管用。

企業名稱	美國大陸航空
創業年份	一九三四年
倒閉年份	一九八三年、一九九〇年
倒閉型態	適用《美國法典》第十一章（重整型處理手續）
業種與主要業務	航空業
負債總額	二十二億美元（一九九〇年）
倒閉時的營業額	十七億三千萬美元
倒閉時的員工數	約一萬兩千人
總公司所在地區	美國德州休士頓

參考文獻：
『大逆転！コンチネンタル航空奇跡の復活』 ゴードン・ベスーン、スコット・ヒューラー 日経 BP
『「サムライ」、米国大企業を立て直す！！』鶴田国昭 集英社
Gordon Bethune at Continental Airlines by Nitin Nohria, Anthony J. Mayo, Mark Benson Harvard Business School

經營者不懂基層環境而倒閉

管理上有問題

「管理機能不健全」的類型

經營層不了解基層狀況，沒有發揮組織該有的機能

高田公司

那是一家
怎樣的企業？

從一家紡織公司發展為全球第二大安全氣囊製造商

一九三三年，高田武三在滋賀縣彥根市開設了高田公司，那本來是一家紡織製造廠。一開始高田活用紡織技術，生產船舶使用的繩索，戰時轉而生產降落傘的繩索，朝多角化的方向經營。直到戰後，高田才轉戰汽車業界，以汽車業務為本業。

一九五二年，武三前往NACA（美國國家航空諮詢委員會）視察降落傘，得知寶貴的飛行員多半死於交通事故，因此美國致力於開發汽車安全帶，防止死亡事故發生。武三認定自家公司的技術大有可為，也在安全帶上看到了商機，回國後立刻著手開發安全帶。同時，他也向本田（本田技研工業）的創辦人本田宗一郎說明安全帶的重要性，並建議本田把安全帶當成標準配備。

宗一郎即刻接納建言，並採用高田的提議，於一九六三年販賣日本第一台配有安全帶的車種「S500」。最初的安全帶沒有捲收器，只是單純的兩點式安全帶；到了一九七〇年代，升級為有緊急收束機能的ＥＬＲ（Emergency Lock Retractor）系統。高田公司帶動了日本安全帶的高度進化。

一九七四年，武三的兒子重一郎擔任社長，更積極打入汽車市場，挑戰「安全氣囊」的開發。一九七〇年代中期，安全氣囊在美國已經逐漸實用化，高田在一九七〇年代後期，也努力開發安全氣囊，終於在一九八五年，成為賓士的前座安全氣囊供應商。

一九八〇年代後期，過去素有合作關係的本田，也拜託高田開發量產型安全氣囊。高田曾以風險過高為由拒絕過一次，但本田的技術人員誠懇尋求重一郎協助，重一郎終於決定量產安全氣囊。一九八七年，日本第一輛搭載安全氣囊的車款「LEGEND」問世了。

到頭來，打入安全氣囊市場和量產化的決策，奠定了高田公司成長的基礎。二〇〇〇年左右安全氣囊開始普及，先進國家的駕駛座和副駕駛座上都有配備安全氣囊，安全氣囊的市場擴大，在高田公司劃時代的產品實力加持下，高田公司的地位也越來越重要。

高田在成長過程中，也有收購其他歐美同業，因此除了本田等日系車廠以外，福特、福斯汽車、通用汽車、雷諾等歐美車廠，也成了高田主要的交易對象。高田的安全氣囊市占率約莫兩成，在業界高居全球第二位。二〇〇七年，當此一帆風順之際，創辦人武三的孫子重久接任第三代社長。

之後，「側邊安全氣囊」和「護膝安全氣囊」逐步實用化，顧名思義，那是緩和側面和下半身衝擊的安全氣囊，未來每台車配備的安全氣囊將會增加。二〇一四年三月決算，高田公司創下二〇〇六年上市以來的最高營收，高達五千五百六十九億日圓。高田認定市場還有擴大的可能性，對自家公司的成長也充滿期待。不料，二〇一四年六月，發生了重大的商品召回事件，這起號稱「高田風暴」的事件，澈底改變了該公司的命運。

何以淪落到倒閉的下場？

二〇〇〇年就埋下了日後的敗因

「高田風暴」發生的原因在於，二〇〇〇年到二〇〇二年間，在美國和墨西哥工廠製造的安全氣囊出了問題。那些工廠生產的安全氣囊充氣機，在安全氣囊啟動的時候，金屬容器有破裂飛散的風險。

這跟高田的決策有很大的關係。高田選用「硝酸銨」化合物作為充氣製劑，這本身是一個畫時代的決策，連其他競爭對手都肅然起敬。

硝酸銨的優點是便宜，而且能減少整套器材的大小；缺點是體積會受溫度影響而改變，本身又容易受潮，是種缺乏安定性的化合物。高田設計出完全杜絕水分的容器，並在製造過程中澈底執行溫度管理，抑制了硝酸銨的缺點。其他競爭對手做不到這一點，只好使用「硝酸胍」這種高成本又體積龐大的化合物。到頭來，高田取得極大的產品優勢，十年來營收成長近五成。

諷刺的是，由於這個商品太過創新前衛，後來引發了大規模的商品召回事件，也間接導致高田公司倒閉。事實上，高田沒有完全克服硝酸銨的缺點，當時已經大量售出的「定時炸彈」，風險也隨著時間經過而浮上檯面。

二〇〇五年五月，高田公司第一次得知自家商品可能有問題。本田曾通報高田，二〇〇四年交通事故發生時，有金屬碎片爆裂的跡象。本田並沒有充氣機的檢測器，只好委託高田進行調查。可是，高田沒有認真查明原因。直到事故發生的四年後，也就是二〇〇八年時，高田才回報自家工廠的生產出了問題，本田也才終於下定決心召回商品。高田初步處理的動作太慢，情況才會惡化到難以挽回的地步。二〇〇九年，非召回車輛的氣囊在美國引發了死亡事故。

可是，一直到二〇一四年六月，這些問題才惡化為「高田風暴」，動搖高田經營的根基。當時，高田公司發現自家工廠內的產品檢驗裝置失靈，通報國內的豐田、本田等四家汽車公司召回商品，總數達到一百四十萬台。

二〇一四年秋天，佛羅里達州發生慘烈的事故，畫面被媒體報導出來，全美的輿論群起圍攻高田，美國眾議院找高田參加公聽會，美國國家公路交通安全管理局（NHTSA）也呼籲高田召回全美境內的商品。然而，召回全美境內的商品，等於要承擔天文數字的債務，因此高田推諉卸責，表明沒有科學證據顯示產品有問題，堅持只回收特定區域的商品。高田這種消極的因應態度，引來更大的攻擊與批判。高田為求息事寧人，終於在二〇一五年同意召回全美商品。

高田必需召回的安全氣囊產品，在全世界超過一億個以上，費用高達一兆三千億日圓。高田早已無力償還這筆債務，本來要負責支援的金主，也認為潛在的風險實在太大，雙方最終交涉無果。最後，高田除了召回費用以外，還有超過一兆日圓的債務，遂於二〇一七年六月申請民事再生法。這是戰後製造業最大規模的倒閉案例。

身兼會長和社長的高田重久，在申請民事再生法的記者說明會上，仍然不肯承認自家的產品品質有問題。他說，至今還是無法理解，為何會發生異常破裂的事情。

到底
哪裡做錯了？

組織機能不健全，決策又太過大膽

高田在公司治理上最大的問題，就是「代溝」兩個字。

首先「代溝」的第一個層面，是設計單位和生產單位之間有代溝。具體來說，日本的設計單位和美墨海外子公司的生產單位之間，有無法弭平的落差。日方做出了大膽的決策，採用硝酸銨當充氣資材，而且也進行了縝密的開發；相對地，美國和墨西哥工廠的管理卻沒那麼細膩。

在第一線的生產單位上，海外子公司來不及培養人才，生產管理的技術也跟不上。於是產品的良率過低，才會發生爆炸的事故。事後高田的客戶也表示，日本高田總公司似乎並不清楚美國子公司的作為。重久社長直到最後都不肯承認自家產品的缺失，但他並沒有監督到品管現場，只能說他對自家產品「太過自信」。

另一個層面是，經營層和員工之間有代溝。高田公司的股份有六成掌握在高田家和他們親戚的手上，也就是所謂的家族企業。在這種情況下，高田家擁有一切事務的決策權，二〇一六年六月，當時高田公司的經營問題已經浮上檯面，但重久和其他董事在股東大會上還是順利連任。

最誇張的是，重久的權力沒有人可以撼動，據說連董事都無法反駁他的意見。過去有客戶投訴高田的產品有問題，客訴負責人只是態度不夠強硬，就被重久拔官了。換句話說，就算第一線真的出問題，下面的人會隱瞞問題也不足為奇。真正重要的訊息，說不定重久是最後一個才知道的。

汽車產業是一門關係到消費者生命安全的生意，經營這麼嚴肅的事業，關鍵在於經營層和基層之間要即時交換正確的訊息。可惜，從這一點來看高田的機能並不健全，在機能不健全的情況下做出大膽決策，自然會招致惡果。

我們該學到的教訓

高田的例子告訴我們，在擔任領袖做出重大決策時，有哪些層面是一定要留意的。一般人在做關鍵決策時，都只放眼未來和外在因素。當然，未來和外在因素也很重要，但高層和組織內部有沒有做好溝通交流？

長期擔任領袖的人，都以為自己管理的組織沒有問題。問題是，大部分的員工心理素質不夠強，不敢直接對上位者表示意見。他們多半只想展現自己良好的一面，以免被上面的主管責罵。只看重未來和外在因素的領袖，很容易忽略這一點，對基層抱有過度的信心。

換句話說，在做出關鍵的決策之前，得先審慎觀察第一線的情況。否則一旦做出決定，領袖也沒辦法回頭，基層員工更不可能回報正確的訊息。這才是高田帶給我們的啟示。

在做出關鍵的決策之前，請各位先不要貪功躁進。仔細詢問一下，基層員工有哪些顧慮和問題，這麼做絕對不是在浪費時間。

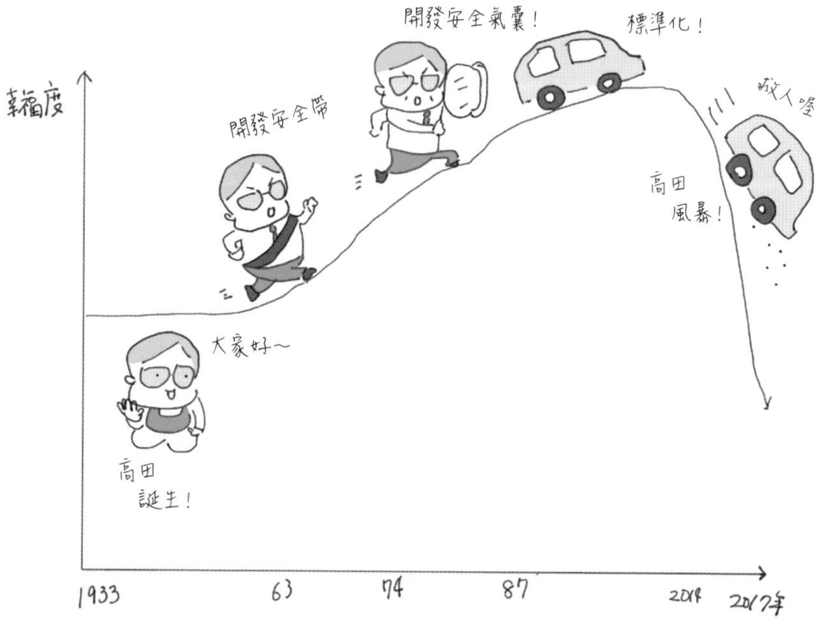
幸福度
開發安全帶
開發安全氣囊！
標準化！
救人喔
高田
風暴！
大家好～
高田
誕生！
1933
63
74
87
2014
2017年

高田倒閉的三大教訓

01

勇敢挑戰某個課題之前，先確實掌握基層的狀況，再來做出決策。

02

請確認一下，領袖和基層之間有沒有互相傳遞正確的訊息。

03

有些事情一定要親赴「第一線」才會了解。

企業名稱	高田
創業年份	一九三三年
倒閉年份	二〇一七年
倒閉型態	適用民事再生法
業種與主要業務	汽車零件製造業
負債總額	一兆八百二十三億日圓
倒閉時的營業額	六千六百二十五億日圓
倒閉時的員工數	四萬五千七百九十二人
總公司所在地區	日本東京都品川區

參考文獻：
「Automotive Report －硝安 " 悪玉論 " にタカタ技術者が語る　吸湿後の破裂は『分からなかった』」日経 Automotive Report 2016 年 1 月号
「タカタ　再生法申請　創業家トップ　最後まで責任逃れ」産経新聞 2017 年 6 月 27 日
「タカタ破綻誤算と過信（下）ミス多発、緩んだ現場——創業家絶対、風通し悪く。」日本経済新聞　朝刊 2017 年 6 月 29 日
「ニュースを突く－企業経営－タカタ破綻が問う『日本の品質』」日経ビジネス 2017 年 8 月 7 日号
「【ＯＰＩＮＩＯＮ】タカタの経営破綻に学ぶもの」ビジネスロー・ジャーナル 2017 年 10 月号

「管理機能不健全」的類型

經營層不了解基層狀況，沒有發揮組織該有的機能

沒有親臨現場經營
而倒閉

管理上有問題

「管理機能不健全」的類型

經營層不了解基層狀況，沒有發揮組織該有的機能

西爾斯

那是一家
怎樣的企業？

靠郵購起家的二十世紀零售業巨人

一八八六年，二十三歲的理查・西爾斯本來在明尼蘇達州的車站工作，後來他想到了一個賺錢的辦法，也就是透過郵購的方式，讓那些從沒用過懷錶的鄉下人，可以買到便宜的懷錶來用。到了一八九三年，沉默寡言的懷錶工匠阿爾瓦・羅巴克也加入這項生意，因此他們在芝加哥創立了西爾斯・羅巴克（亦即日後的西爾斯）。不過，兩大創業元老在一九〇〇年代初期就退居二線，交給朱力斯・羅森沃德經營。

在羅森沃德的經營下，西爾斯很快成為一家大規模的郵購公司。那個年代，美國人民主要靠農業謀生，很少有人去大都市購物，只能花大錢跟中盤商買東西。西爾斯從這個現象中看到商機，構思出「型錄郵購」的商業模式，提供大量購買和運送服務。

西爾斯的型錄跟電話簿差不多厚，通稱「BIG BOOK」。一開始主要賣懷錶、雜貨、珠寶等貴金屬，後來還賣農業機具、縫紉機、房子、墓碑。簡單說，從一個人出生到死亡會用到的東西都有賣，滿足了美國人民的消費需求。西爾斯建立了舉足輕重的地位，人們相信在美國這片廣大土地上，只要有西爾斯沒有買不到的東西。西爾斯的商品型錄，長年來服務了美國的消費者。

後來，當上社長的羅伯特・伍德，看準汽車會在美國普及，一九二五年在都市郊區開設有停車場的百貨公司。在美國高度成長的時空背景下，西爾斯以百貨公司和購物商城為主要業務，同時朝金融、保險、不動產等領域發展。

一九六四年，財星雜誌稱讚西爾斯是零售業典範，高居業界第一的西爾斯，甚至力壓第二到第五名的競爭對手。一九七一年，西爾斯的營收突破百億美元，這可是全球零售業從未有過的壯舉。一九六〇年代到一九七〇年代初期，堪稱是西爾斯的全盛時期。一九七三年，西爾斯建造了一百一十樓的「西爾斯大廈」，成為當代全球最高的建築，西爾斯成為名符其實的零售業龍頭。

可是，持續成長的西爾斯，過了全盛期以後也遭遇瓶頸了。郵購的營業額在一九八〇年代中期達到最高點（每年超過四十億美元），之後就開始一路下滑，成本也持續膨脹，光是郵購部門每年就有超過一億美元的赤字。而零售部門也不樂觀，沃爾瑪和凱瑪這些主打價格戰的低價量販店出現了，高級百貨公司和產品豐富的品類殺手，也加入了競爭的行列。

例如，電路城和 Highland Store 等新興的家電量販店，以豐富的品項和低價搶占市場，逐步成長茁壯，Limited 和 GAP 等衣物專賣店也趁勢崛起。這些新競爭者的出現，讓西爾斯失去了市場定位，甚至給人一種大而無當的感覺，缺乏有魅力的商品。

何以淪落到倒閉的下場？

無法活用實體店鋪價值，最後被亞馬遜擊倒

一九九〇年代初期，市場上已經謠傳西爾斯經營不善了。於是，財務專家亞瑟・馬丁尼茲登場了，這個人曾經擔任薩克斯第五大道的副會長。西爾斯的經營權交到他手上以後，他在一九九三年放棄了有百年歷史的郵購業務，並且關閉了一百〇三家百貨店，相當於一成的店鋪，裁員人數多達五萬人。為了宣示回歸本業的決心，馬丁尼茲分割拆售旗下的金融、保險、不動產事業，連象徵財富的西

爾斯大廈都賣掉了。總之，馬丁尼茲透過一連串的裁撤行動來重整西爾斯。

不過，西爾斯所處的競爭環境依舊嚴峻。服飾品比不上競爭對手，其他崛起的低價量販店也打得他們抬不起頭，支撐收益的金融卡事業失去成長力道，家電量販業務也深受家得寶和其他競爭對手威脅。

西爾斯究竟該如何擺脫疲弱的市場定位呢？二〇〇四年，收購西爾斯的對沖基金富豪愛德華・蘭伯特，提出了解決之道。二〇〇二年，低價量販店凱瑪因經營不善而倒閉，蘭伯特於二〇〇三年收購凱瑪。二〇〇四年收購西爾斯以後，蘭伯特將兩家企業合併，設立西爾斯控股，自己也出任執行長。

凱瑪在人口較多的都市周圍，設有許多的店鋪，西爾斯在都市的布局相對較弱。蘭伯特決定把西爾斯的商品實力，轉移到一千四百五十家凱瑪分店上，靠地段和商品實力提高公司競爭力。蘭伯特向大眾宣示要讓西爾斯重返榮耀，世人也視其為第二個巴菲特。

可是，最終這個戰略並不奏效。當時凱瑪的賣場環境實在太糟糕，店員的服務態度也不成體統。賣場管理不善，商品缺貨和環境紊亂的現象層出不窮，店鋪也越來越老舊。

店鋪和人才是第一線的經營課題，蘭伯特卻不肯花錢投資這兩大項，反而優先設立線上會員制度。不過，提供給會員的紅利系統太過複雜，沒有考慮到基層能否順利操作，導致賣場的收銀狀況大亂。店鋪老舊無人聞問，去買個東西又要等老半天，想當然顧客也就不願意去消費了。

那個年代已經有亞馬遜了，顧客沒必要特地去老舊的商店買東西。擁有店鋪和店員的零售業，應該好好活用這兩項資產才對，否則一下子就會被亞馬遜擊潰。疏於投資店鋪和店員的西爾斯，面臨亞馬遜崛起，只好不斷關閉分店和裁員，最後再也無力重振雄風。

二〇一八年十月，無力營運的西爾斯終於申請破產保護，負債高達一百一十三億美元。擁有一百二十多年歷史的美國大企業，就這麼輕易倒閉了。

到底
哪裡做錯了？

經營者不願了解基層，結果自取滅亡

深入了解一下蘭伯特就任以後的經營狀況，各位會發現西爾斯這個例子，是一個不該當上執行長的人造成的悲劇。蘭伯特每年只有股東會才會到公司露面，剩下的時間都待在邁阿密海岸邊的一座小島上，用視訊會議營運公司，那座小島號稱是「富豪的祕密別墅」。蘭伯特在視訊會議上，只會對部下提供的資料挑毛病，至於店鋪的天花板漏水、電梯故障、庫存不足等問題，全都置若罔聞。

到頭來，蘭伯特非但沒有正視現實，甚至在不了解第一線的情況下，持續提出不切實際的戰略（二〇一一年，蘭伯特在寫給股東的信上，還自信滿滿地談論經營戰略，內容和混亂的第一線落差甚大，簡直貽笑大方）。

蘭伯特是一位優秀的投資專家，但經營能力並不合格。表面上是亞馬遜終結了西爾斯的壽命，實際上這都是蘭伯特自取滅亡。

歸根究柢，蘭伯特是在凱瑪和西爾斯合併後，才插手經營。前者剛擺脫倒閉危機，後者則處於經營不善的狀態。面對即將來臨的電子商務時代，握有大量老舊店鋪十分不利。換句話說，蘭伯特一開始就決策失誤，後來的管理方法也大錯特錯。

被一個不懂經營的人掌握經營權，就已經注定了西爾斯倒閉的命運。

我們該學到的教訓

不過，歷史的結局往往是諷刺的。創立於一八九三年的西爾斯，憑著郵購業務掀起了物流革命，把商品送往美國各地，也豐富了美國人民的生活。過了一百年以後，西爾斯在一九九三年退出這一塊老本行，隔年一九九四年，亞馬遜確立了新的網購業務，彷彿繼承了西爾斯的遺志。最後，亞馬遜親手終結了西爾斯的氣運。

在這個科技日新月異的時代，每一種事業的生命周期都不會持續太久。未來新創企業取代龍頭企業的例子，應該會越來越多。身處VUCA（變化快到難以捉摸）時代，立於頂點的企業更應該跟新加入的異業學習。

這一個百年老店被新對手淘汰的故事，再一次提醒我們這個道理。

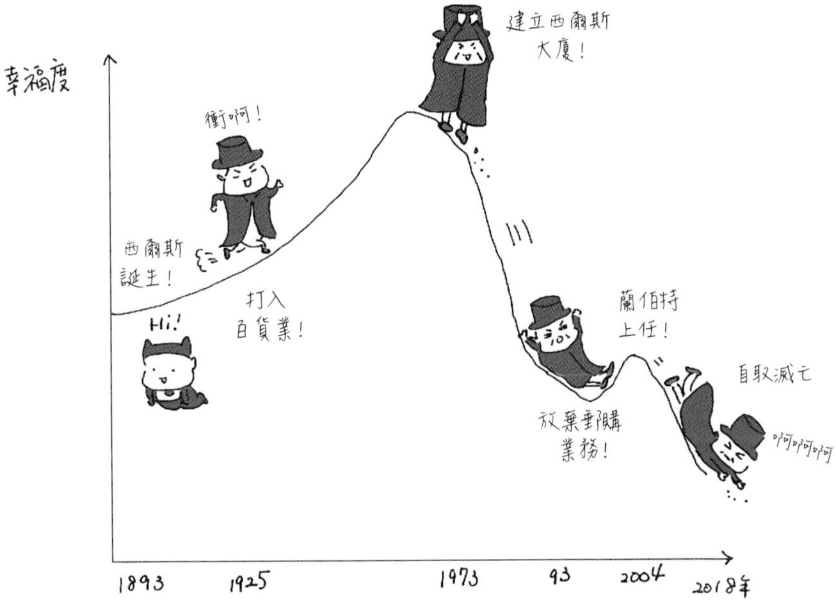

西爾斯倒閉的三大教訓

01

第一線是接觸顧客的重要場所，要正確掌握第一線狀況，進行合宜的投資。

02

在推行新的政策時，請提供第一線人員完善的資源和操作指示。

03

多跟新人或異業競爭者學習新知。

企業名稱	西爾斯
創業年份	一八九三年
倒閉年份	二〇一八年
倒閉型態	適用《美國法典》第十一章（重整型處理手續）
業種與主要業務	零售業
負債總額	一百一十三億美元
倒閉時的營業額	一百六十七億美元
倒閉時的員工數	八萬九千人
總公司所在地區	美國伊利諾伊州霍夫曼莊園

參考文獻：
『巨大百貨店再生』 アーサー・マルティネス / チャールズ・マディガン 日経 BP
『シアーズの革命』 ドナルド・R・カッツ ダイヤモンド社
『サム・ウォルトン シアーズを抜き去ったウォルマートの創業者』 ヴァンス・H・トリンブル NTT 出版

—結語—

各位聽到「戰略性」這三個字，會如何解釋這個字眼的意義？

戰略性＝「思考觀點的多元性」×「思考眼界的長短」

這就是我個人的答案。

比方說，某家企業的行事方針只考量到短期的營收，這種作為欠缺多元的觀點，眼光也放得不夠遠，因此算是一種「衝動的」行事作風，與戰略性絲毫無關。反之，除了考量營收和利潤以外，競爭對手的動靜、顧客的喜好、組織的狀態等等，都是帳面上看不出來的重要因素，從長期的觀點來考量這些因素，做出當下最適當的行動，這才合乎「戰略性」。

為什麼我在本書的最後，要談起這樣的話題呢？如果我們用一個比較籠統的說法，來歸納書中提到的二十五家企業，你會發現那些企業在面對轉捩點時，都是採用「衝動的」決策作風。崇光、山一證券、通用汽車、鈴木商店等等，不分古今中外都是如此。每一個案例都告訴我們，在關鍵時刻做出「衝動的」決策會造成致命後果。

回過頭來反省自己，平時我們在職場決策都有合乎「戰略性」嗎？各位在做決策時，有沒有被短期的美好數據誤導，而做出「衝動的」決策？

我在寫這本書的過程中，也經常回顧自己的經營決策，很多時候我採用的也是衝動的決策方式。說不定，這就是走向失敗的第一步。每次一想到自己犯下的失誤，我就久久無法動筆。

從這個角度來看，寫這本書不是件容易的事。但我身為一個經營者，也透過這二十五個案例學到了許多教訓。這也讓我深刻體認到，前人留下的智慧有多寶貴。

希望各位閱讀這本書，也能從這二十五家公司的案例中，學習如何做出合乎

「戰略性」的決策。

本書的編輯中川廣美女士和坂卷正伸先生，真的提供我不少協助。由於本書的撰寫難度頗高，中途我多次想要放棄。多虧有他們的溫情支持，我才能寫出這部作品。

另外，久保彩女士也對本書的概念和校對，做出了不小的貢獻。在我寫完每一章以後，久保女士會當我的第一個讀者，提供客觀的意見供我參考，帶給我繼續寫下去的勇氣。

最後，我也要感謝老婆昌子，還有我的兩個小孩創至和大志。當我為創作所苦時，感謝你們在一旁守候著我。總有一天，我也要把書中的教訓告訴我的兩個兒子。

二〇一九年十二月　荒木博行

圖鑑／大企業為什麼倒閉？

從 25 家大型企業崛起到破產，學會經營管理的智慧和陷阱

作者　荒木博行
譯者　葉廷昭
主編　劉偉嘉
校對　魏秋綢
排版　謝宜欣
封面　萬勝安
社長　郭重興
發行人兼出版總監　曾大福
出版　真文化／遠足文化事業股份有限公司
發行　遠足文化事業股份有限公司
地址　231 新北市新店區民權路 108 之 2 號 9 樓
電話　02-22181417
傳真　02-22181009
Email　service@bookrep.com.tw
郵撥帳號　19504465 遠足文化事業股份有限公司
客服專線　0800221029
法律顧問　華陽國際專利商標事務所　蘇文生律師
印刷　成陽印刷股份有限公司
初版　2020年10月
定價　380元
ISBN　978-986-98588-8-5

歡迎團體訂購，另有優惠，請洽業務部 (02)22181-1417 分機 1124、1135

國家圖書館出版品預行編目 (CIP) 資料

圖鑑／大企業為什麼倒閉？：從 25 家大型企業崛起到破產，
學會經營管理的智慧和陷阱／荒木博行著；葉廷昭譯.
-- 初版. -- 新北市：真文化出版，遠足文化發行，2020.10
面；公分 --（認真職場；10）
譯自：世界「倒産」図鑑：波乱万丈 25 社でわかる失敗の理由
ISBN 978-986-98588-8-5（平裝）
1. 企業管理 2. 經營分析
494　　109013487